御阳 —— 著

做事有方

北京日报出版社

图书在版编目（CIP）数据

做事有方 / 御阳著 . -- 北京 : 北京日报出版社，
2025. 4. -- ISBN 978-7-5477-5045-2

Ⅰ . B848.4-49

中国国家版本馆 CIP 数据核字第 2024EB6350 号

做事有方

出版发行：北京日报出版社

地　　址：北京市东城区东单三条 8- 16 号东方广场东配楼四层

邮　　编：100005

电　　话：发行部：　（010）65255876

　　　　　总编室：　（010）65252135

印　　刷：三河市人民印务有限公司

经　　销：各地新华书店

版　　次：2025 年 4 月第 1 版

　　　　　2025 年 4 月第 1 次印刷

开　　本：787 毫米 ×1092 毫米　　　　1/ 16

印　　张：11

字　　数：148 千字

定　　价：52.00 元

目录 CONTENT

第一章 跳出怪圈，是敢做事的起点 ····························· 1

第一节 恢弘志士之气，不宜妄自菲薄 ····················· 2
《出师表》——不被外在的表象所限制

第二节 君子欲讷于言而敏于行 ························· 10
《论语》——做事最重要的是"做"

第三节 大成若缺，其用不弊；大盈若冲，其用不穷 ······ 17
《道德经》——接受不完美

第四节 不患人之不己知，患不知人也 ··················· 22
《论语》——别人眼中的你不是你

第五节 士志于道，而耻恶衣恶食者，未足与议也 ········· 29
《论语》——放得下面子

第二章 规划人生，是敢做事的基础 ······················35

第一节 千里之行，始于足下 ························· 36
《道德经》——万事开头难

第二节 思立掀天揭地的事功，须向薄冰上履过 ··········· 43
《菜根谭》——谨慎再谨慎

第三节 为人择官者乱，失其所强者弱 ·················· 49

《素书》——看清形势，找到优势

第四节 博观而约取，厚积而薄发 ·················· 57

《东坡先生全集》——逐步向目标靠近

第三章 懂得借力，是敢做事的底气 ·················· **63**

第一节 他山之石，可以攻玉 ·················· 64

《诗经》——借力打力

第二节 假舆马者，非利足也，而致千里 ·················· 70

《荀子》——人际交往中要学会资源置换

第三节 遇事无难易，而勇于敢为 ·················· 77

《尹师鲁墓志铭》——酒香也怕巷子深

第四节 先敬罗衣后敬人 ·················· 85

古代俗语——学会包装自己

第五节 道不同，不相为谋 ·················· 91

《论语》——拒绝无效社交

第六节 巧诈不如拙诚 ·················· 98

《韩非子》——说得漂亮不如做得漂亮

第四章 幸福家庭，是敢做事的后盾 ·················· **103**

第一节 家和则福自生 ·················· 104

《曾国藩家书》——家庭是成长第一步

第二节 妻也者，亲之主也 …………………… 108

《礼记》——夫妻和睦，黄土变金

第三节 昏礼者，将合二姓之好 …………………… 115

《礼记》——结婚是一场资源整合

第四节 得贤内助，非细事也 …………………… 121

《宋史》——换位思考

第五节 不痴不聋，不为家翁 …………………… 129

《资治通鉴》——难得糊涂

第六节 毋意，毋必，毋固，毋我 …………………… 136

《论语》——化解矛盾的实用指南

第五章 能担事，是敢做事的核心 …………………… 143

第一节 知责任者，大丈夫之始也 …………………… 144

《呵旁观者文》——风险与机会是对等的

第二节 行责任者，大丈夫之终也 …………………… 150

《呵旁观者文》——正确给自己"贴标签"

第三节 君子坦荡荡，小人长戚戚 …………………… 157

《论语》——识别机会，不要太过计较

第四节 祸兮，福之所倚；福兮，祸之所伏 …………………… 165

《道德经》——识别风险

第一章

跳出怪圈，是敢做事的起点

第一节

恢弘志士之气，不宜妄自菲薄
《出师表》——不被外在的表象所限制

草台班子，黄金面子

当下很流行一句话：世界是一个巨大的草台班子。对此我深有体会。前几年找工作时，我在某招聘网站上看到一家传媒公司，简介中"高大上"的描述我至今仍然清楚地记得："我公司扎根传媒行业多年，与阿里巴巴、百度、字节跳动、腾讯等业内巨头均有长期合作关系，期待你的加入，让我们一起共创辉煌。"奇怪的是，这家公司的招聘门槛并不高，甚至对员工没有设立基础门槛，表示"不会可以培训"。

怀着十分的好奇，十二分的激动，确认了地址之后，我立刻赶到这家公司，在门口见到了大大的"字节跳动""腾讯"等巨头的亚克力Logo（标志）。接待我的是该公司的HR，他染着颜色靓丽的头发，穿着人字拖，跷起二郎腿，草草扫了一眼我的简历，直接就安排了我入职。我当时想，大公司就是不一样，穿衣这么自由。

可是，接触工作内容之后我傻眼了，原来这家公司的业务就是自媒体。

简单来说，就是寻找爆炸性的话题，找一个刁钻的切入点，编辑好内容之后，发布在各巨头旗下的自媒体平台，让读者在评论区互动，这就是所谓的与各大巨头"均有长期合作关系"。

我不禁拍手叫绝，这个说法实在巧妙。你要说人家吹牛，也没有，人家确实跟巨头们有业务往来。你要说人家骗人，也没有，人家的宣传句句属实，没有任何欺骗成分，但看起来就是那么"高大上"，令人心驰神往。

后来我又给一家药企做文案。这家企业规模很大，名头却不响。除了制药，还有物流、印刷、食品等业务。公关部负责人告诉我："我们宣传的重点，就是把企业和巨头联系起来。比如，我们给某巨头印刷包装，你就写'与某某企业有战略合作关系'，宗旨就是提高知名度，能蹭就蹭。"

这家企业的负责人更厉害，初中文化程度，却开设了商业培训班，出版过很多著作，还有很多响亮的名头，名誉更是不计其数，光是头衔就有好几个。抱着"打破砂锅问到底"的精神，我把每个头衔都查了一遍，发现大部分是从某些听起来非常"高大上"的民间协会买的。

这几年又接触了很多行业，发现了更多"贾教授""贾专家""贾学者"在招摇过市，就像《红楼梦》中的那首定场诗说的："贾不假，白玉为堂金作马。"我不由得感叹，这个世界太疯狂了，草台班子，黄金面子，很虚，却很有用。

过去农村有一种戏班子，每逢各类神仙诞辰，都要在各地的神庙搭台唱戏。如果当地没有神庙，则要选择一处空旷的地方搭起临时性的草台，唱念做打，老百姓围成一圈，借着酬神的机会行乐。这样的戏班子就被称为"草台班子"，有些地方也叫"唱野台子的"。在现代语境中，人们常用"草台班子"来形容那些表面上看起来具有一定规模或影响力，但实际上内部杂乱无章、缺乏实质内容和专业能力的组织和团体。

在豆瓣上以"草台班子"为关键词进行搜索，能够看到大量用户分享的类似经历。譬如某位网友说，他母亲是文员，职位还不错。她对写报告总结的看法是："谁会认真写呀？不都是东抄抄西抄抄，再编点自己的话！我们抄下面交上来的，上面再抄抄往上交，反正来来回回就那些内容。"另一位网友说："我曾以为的世界：各行各业的专业人士兢兢业业，互助互利，业务精熟，同心竭力地维持着社会高效稳定地运转。我感受到的世界：各个行业里充斥着大量的糊涂混子，少数明白人处于无处不在的敷衍和推诿中，勉强把集体工作维持在底线之上，整个社会运转得晃晃悠悠、洒汤漏水。"

还有，个别成功学大师没有上过大学，有不少职业作家也没有系统学过关于文学的课程。

还有一个十分精辟的比喻：某些企业外表像一部豪华轿车，里面却是几个人顶着壳子"腿着"前行。路上有不少车就是这样，只是大家都不戳破。

科层制

"草台班子"之所以成为流行语，是因为它触动了社会的神经，让无数"打工人"产生了共鸣。这种共鸣不仅仅是对某个行业或特定环境的反映，更是对当代社会环境和职场文化的一种深刻反思。

在许多人的思维意识中，社会、组织、公司等被期待像一台精密运转的机械一样，每个部分都有其特定的功能和作用，共同维持着整个系统的高效运转。然而，现实往往与这种理想化的预期有所偏差。很多时候，我们发现事物的运作远没有想象中那么精确和有序，反而充满不确定性和即兴表演。"机械核心"部分成员的不专业，从根本上颠覆了"社会理性运转"的假象。

想要理解这种冲突和矛盾，德国社会学家马克斯·韦伯（Max Weber）提出的"科层制理论"是绕不开的一个话题。科层制是一种理想的组织形式，它基于理性法则和规章制度运作，以提高组织的效率和效能。

● **等级制度** 组织内部有明确的层级结构，每个级别都有清晰的职责和权限。比如，一家正规公司，从最高的 CEO（首席执行官）到基层员工，每个人都处于公司层级结构的不同位置。CEO 负责制定公司的整体战略，而部门经理负责他们各自领域的日常运营的管理。在这些经理之下，又有项目经理、团队领袖和普通员工，他们负责执行具体的任务。这种层级结构确保了指令和信息能够有效地从顶层传达到底层，每个级别都有其清晰的职责和权限。

● **规则和程序** 所有工作流程都遵循一系列标准化的规则和程序，以确保行为的一致性和可预测性。例如，在我们上面说的这家公司内部，所有工作流程都遵循一系列标准化的规则和程序。例如，开发一个新软件产品可分为五大关键流程：市场调研、产品设计、编码、测试和发布。这些规则和程序确保了不同团队和部门在工作中的一致性和可预测性，减少了混乱和效率低下的可能性。

● **专业化分工** 每个员工都有特定的职责，这些职责基于他们的专业技能和知识。在公司中，每个员工都根据他们的专业技能和知识被分配到特定的岗位。比如，软件工程师专注于编写代码，市场分析师负责市场调研和分析，人力资源专员负责员工招聘和福利管理。这种专业化分工使得每个人都能在他们擅长的领域发挥最大的作用，提高了整体的工作效率。

● **面向岗位的忠诚** 员工对组织的忠诚是基于他们的岗位，而不是对个人的忠诚。在这样的公司里，员工的忠诚是不是对某一个领导或个人，而是对他们的岗位和公司的使命与目标。这意味着，即便管理层有变动，员工也仍然会继续他们的工作，因为他们的主要责任是对公司的贡献，而不是对个人的忠诚。

现代社会的绝大多数组织架构，都是在科层制的基础上建立起来的。但是，在实际运行过程中，这种结构往往会出现很多问题。比如，科层制强调规则和程序的一致性，但这也可能导致组织变得过于僵化，难以快速适应外部环境的变化。由于科层制极度强调分工和职能界定，员工可能会局限于自己的角色安排和职责范围。在等级分明的组织结构中，信息需要通过多个层级传递，产生各种各样的形式主义。上层管理人员可能与基层员工之间存在沟通障碍，导致决策者无法及时了解一线员工的真实情况和市场的即时反馈。

而这也导致一些组织无法完全按照其理论模型运作，进而出现了所谓"草台班子"的现象。这种现象通常表现为组织在实际操作中偏离了科层制的理想特征，例如明确的等级制度、规则和程序的一致性、专业化分工等，转而展现出更多的灵活性和非正规性，但同时也可能伴随着管理松散、缺乏规范等问题。

皮克斯创始人艾德·卡特姆在《创新公司：皮克斯的启示》中就讲过一件事。皮克斯的会议室中曾有一张方桌子，每次开会时，员工们都要按照职位排序，"三十个人脸对脸地坐成长长的两排，还经常有人不得不背靠墙壁坐着。彼此之间的距离太大，连沟通都成了问题"。艾德·卡特姆意识到，这张桌子给工作带来了很大的影响，与会者被分成了三个等级，边缘的人是无法发表意见的。后来，不仅这张桌子被处理掉了，连座席也被打乱了，问题迎刃而解。

这个问题的处理过程，实际上就是对科层制解构的过程。换句话说，"草台班子"虽然有各种各样的问题，却更加灵活，更能够适应快速变化的时代，灵活的沟通和决策流程有时也能促进更自由的思想交流和创意的产生。

其实，我们都知道，很多大学生毕业之后，没有从事与本专业对口的工作。换句话说，大多数行政事务或专业门槛不高的工作（不包括那些对专业要求特别高的技术研发类的岗位），只需要经过突击培训与学习就能够胜任。

几年前看过一个公认的"神帖"，主题是"如何成为行业内的专家"，内容非常实用：

一、把这个领域的所有书籍、课程全部看一看，一般有一百本左右。

二、到网上搜索关于这个领域的关键词，看完前一百页内容。

三、把该领域的论文看个几十篇、上百篇。

四、关注该领域的时事、新闻、圈子、活动、会议、文章、论坛、代表人物、头部同行等，坚持一至三年。

五、尽量多研究案例，结合你了解过和记忆过的理论，对案例进行分析，总结自己的经验，也就是用案例验证理论，最好能从案例中总结出新的经验，用理论来推导案例。

六、主动结识该领域的人才，跟他们交流合作，融入圈子。

七、实践测试，不断优化自己的知识、实践经验。

这个"巨大的草台班子"提醒我们，面对生活和工作的不确定性，我们的态度和选择比任何时候都重要。我们所处的社会越来越展现出其复杂和多变的面貌，使得"草台班子"不再仅是一种简单的比喻，而是对当下社会结构和职场文化深刻的反思与揭示。在这个看似充满不确定性和挑战的舞台上，每个人都可能成为自己命运的编剧和主演，既是创造者也是参与者。

面对这样的世界，我们应该怎样定位自己呢？不妨参照智圣诸葛亮在千年之前的叮嘱："恢弘志士之气，不宜妄自菲薄。"在这个充满变数的社会中，每个人都有潜力成为改变游戏规则的一分子。我们不应该被外在的标签和表象所限制，而应该深信自己的价值和潜力，有勇敢追求自己梦想的热情和冲劲。

第二节

君子欲讷于言而敏于行
《论语》——做事最重要的是"做"

在大众的印象中，大作家们走上文学道路，写出经典作品，应该是出于对文学的热爱才对。然而，事实却让人大跌眼镜。

"余拔牙"

在一次采访中，主持人问余华为什么走上写作的道路，余华的回答十分干脆利落，让现场的观众捧腹大笑。他说："我写小说是因为不想上班，想睡懒觉。"

余华出生于 1960 年，浙江人，父母都是医生。他幼时就经常出没于医院，见惯了生离死别，也听惯了家属的哭声和病人的哀号。有时候夏天热得睡不着，他还会带着枕席去太平间午睡，对于死亡，他已经司空见惯了。

1978 年恢复高考后，余华两次落榜，连续的打击让他倍感失落，只好在父母的安排下，到卫生院当了一名牙医。余华回忆说："我一天都没有学过医学，上班第一天就开始拔牙了。因为带我的那个医生——我的师傅已经七十多岁，他累了，只让我看一遍，下一个就轮到我上了。"

从此之后，余华就成了一名牙医，每天的工作就是给患者口腔涂抹碘伏，注射一针普鲁卡因，在旁边抽一支烟，问病人："舌头大了吗？"对方一点头，他就手起钳落，迅速结束工作。

在日复一日的枯燥与乏味中，余华深深地感觉到自己的一生不该这样度过。用他的话说："患者的口腔里没有风景。"只是对于这个年轻人来说，想要改变是一方面，如何改变却是一个未知数。直到有一天，他看到文化馆的人不用坐班，还能到处采风，十分羡慕。"我觉得生活很不公平，我们一天拔八个小时牙，他们在大街上东逛逛、西晃晃——我也要去文化馆上班。"

四处打听之下，他听说会写作就可以进入文化馆，于是便拿出一本《人民文学》杂志研究，哪里用逗号，哪里用句号，觉得研究得差不多了，就开始尝试着自己写小说。写完之后，先投到报社，被退回来后，他又改投杂志社，还是被退了回来。

那些年，邻居们只要听到"吧嗒"一声，就知道邮递员又把余华的稿子给扔回院子了。街坊们都笑他："大作家又被退稿了！"就这样，余华一边拔牙，一边投稿、被退稿，日复一日地坚持了五年，才终于迎来转机。一家报社看中了余华的作品，不过觉得结尾不够光明，邀请他到北京改稿，报销来回路费。

余华高兴坏了，马上对编辑说："没问题没问题，只要小说可以发表，别说改结尾，让我从头改到尾都没问题。"就这样，在改完稿件之后，余华如愿以偿地进入文化馆，走上了职业作家的道路。

第一天上班时，余华故意迟到了两小时，想着反正其他人都在大街上。结果到了文化馆一看，他竟然是第一个到的。"那一刻，我就知道这个单位我来对了。"余华回忆说。

1987年，随着成名作《十八岁出门远行》在《北京文学》上发表，余华一跃成为当代先锋作家。有评论家说"余华的作品语言简洁"，余华在采访中解释说："那是因为我识字不多。"这样的真诚，让余华迅速成为"段子手"。

有一次，余华和莫言、王朔、苏童一起到国外参加文学论坛，当时演讲的主题是："你当初为什么走上文学之路？"余华说，他是因为不想拔牙，想睡懒觉。莫言说，他是因为想买一双皮鞋。王朔说，他是因为想招女孩子喜欢。轮到苏童时，他怎么也不愿意上去。原来，他写的是自己如何热爱上文学，如何开始写作的。

分析瘫痪

在众多行业中，作家的门槛相对较高。然而，余华的经历向我们展示，走向文学的道路并非总是出于对文学深沉的热爱或崇高的理想。有时，它可能起源于个人对当前生活状态的不满，对改变现状的渴望，甚至是出于对某种生活方式的向往。余华以其独特的经历和幽默的语言，打破了我们对文学创作的传统认知，向我们证明，即便是出于非传统动机，也能够在文学领域内取得巨大成就并创作出触动人心的作品。

余华的故事，不仅让我们看到了一个作家成长的过程，也反映出了一个更加广泛的真理：在职业道路的选择上，传统观念并非唯一的指南。在人生的道路上，我们应该勇于探索，即使动机起初看似不够"高尚"或不符合常规，也完全有可能在追求过程中发现自己的热情和潜力，最终实现自己的目标。

孔子说："君子欲讷于言而敏于行。"意思是君子在语言上应该谨慎少言，在行动上应该迅速果决，只有这样才能成事。很多时候，我们之所以不敢做事，很大一部分原因是想得多，做得少，瞻前顾后，最后还没有行动就放弃了。试想一下，如果余华当时觉得作家门槛太高而放弃，还会有后来的《在细雨中呼喊》《活着》《兄弟》等优秀作品吗？说不定余华到现在还是一名牙医。

心理学和决策理论中有个术语叫分析瘫痪（Analysis Paralysis），说的就是一个人因为过度分析或过多考虑各种行动方案的细节和可能结果，而最终无法做出决定或行动的情况。这种人通常由于对选择的后果过于担忧，害怕做出错误决策，从而导致行动迟疑不决，主要表现有以下几个方面：

● **过度分析**　过分关注决策每个可能的方面和结果，试图找到完美的解决方案。

● **信息过载**　寻求和处理大量信息，以至于无法从中得出明确的结论或决策路径。

● **决策迟疑**　即便拥有足够的信息和分析，也难以做出决定，因为害怕可能的负面结果。

● **拖延** 由于无法决断，只好不断推迟行动，有时甚至完全避免做出任何决定。

我们举个例子来说。小刘目前工作稳定，但他感到缺乏成长机会，于是找到了一份新的工作，这个工作可以提供更高的薪水和更好的职业发展前景。听起来，这似乎是一个很好的机会，但小刘开始过度分析这个决定的每一个可能的后果。

● **过度分析** 小刘开始研究新公司的每一条评论、每一个评分，以及社交媒体上关于该公司的信息，试图预测自己在新环境中的表现，以及这次跳槽对他长期职业目标的影响。

● **信息过载** 在收集了大量关于新职位和公司的信息后，小刘不仅没有做出决定，反而更加迷茫、更加不知所措。因为每个正面评价背后似乎都有一个负面评价，每个成功案例旁边似乎都有一个失败故事。这让他无法确定自己应该重视哪些信息。

● **决策迟疑** 尽管小刘已经花了几个星期时间来考虑这个机会，他仍然无法决定是否接受新工作。他害怕做出错误的选择，担心如果新工作不如预期，他将无法返回现在的稳定工作。

● **拖延** 随着新工作截止日期的临近，小刘发现自己一直在推迟做出最终决定。他给自己找了各种借口，比如需要更多时间思考，或是等待一个更明确的迹象告诉他正确的选择是什么。

在这个例子中，小刘就是因为过度分析和信息过载陷入了决策瘫痪，无法采取任何行动。

其实，我们跟小刘一样，总会在各个场景中面临分析瘫痪的情况。比如在购买电子产品时反复查找评价、测评，在好评与差评之间徘徊。在规划假期时反复浏览多个旅游网站，查看不同目的地的旅行攻略、游客评论以及照片和视频。但是，每个地方都有其独特的魅力和潜在的缺点。在准备健康饮食时，试图制订一个完美的饮食计划来改善健康状况，于是研究了各种饮食理论，从生酮饮食到素食主义，却发现每种饮食方法似乎都有其支持者和批评者。尤其是在做出重大决策之前，人的分析瘫痪会表现得更加突出，也更加明显，最终导致自己在纠结中放弃迈出第一步。

仔细想一想，上面说到的种种分析瘫痪，都是因为追求完美，害怕失败和犯错。正是这种追求完美和对失败的恐惧构成了分析瘫痪的核心。我们总是希望做出最佳的决定，以避免任何可能的负面后果，然而现实中很少有决定是绝对完美的。

第三节

大成若缺，其用不弊；大盈若冲，其用不穷
《道德经》——接受不完美

《法治的细节》中说："这个世界不完美，但是人类喜欢追求完美。我们会用想象去描绘完美，让我们暂时可以忽略世界的不完美。当我们看到一个半圆，脑海中一定会补出完整的圆。人类对于完美的追求，也许根植于灵魂的深处。落日余晖、云卷云舒，只有人类会因此思考和感动。"这个世界并不完美，也没有十全十美的"完人"。

花未全开月未圆

2022年，奥迪闹出过一个大"乌龙"。小满时节，奥迪发布了一则名为《人生小满》的创意广告。视频中，刘德华吟诵了一首意味深长的"古诗"："花未全开月未圆，半山微醉尽余欢。何须多虑盈亏事，终归小满胜万全。"当天晚上，博主"北大满哥"就指出，奥迪的广告文案抄袭了自己的原创视频，这首诗第一句是引用曾国藩的，后三句都是自己原创。事情发酵之后，奥迪立即下架了侵权视频并发布道歉声明。

有趣的是，打开搜索引擎，以关键词"花未全开月未圆"进行搜索，

会发现这首诗的作者竟然成了曾国藩。其实，这首诗的第一句出自北宋蔡襄的《十三日吉祥探花》，只是曾国藩曾经多次引用。

咸丰六年（1856年）九月初二，曾国藩在给罗伯宜的信中说："日中则昃，月盈则亏。故古诗'花未全开月未圆'之句，君子以为知道。"同治元年（1862年）四月二十一日，他在给鲍春霆的信中说："前此曾以'花未全开月未圆'七字相劝，务望牢记勿忘。"同治二年（1863年）正月十八日，他在给弟弟曾国荃的信中说："余于弟营保举、银钱、军械等事，每每稍示节制，亦犹本'花未全开月未圆'之义。"

曾国藩所说的"花未全开月未圆"就是一种不完美的人生境界。他给自己的书斋取名"求阙斋"，并在给弟弟的信中解释了这个名称的含义："兄尝观《易》之道，察盈虚消息之理，而知人不可无缺陷也。"

曾国藩所表达的"花未全开月未圆"之境，正是人生不完美的真谛。在他眼里，生活和事业的不完美，不仅是自然的，也是必要的。他给自己的书斋命名为"求阙斋"，去主动寻找缺陷，这并不是一种悲观的人生态度，而是一种深刻的生命智慧。就像我们上学时刷题一样。刷题是进步最快的一种方式，因为它可以让我们发现自己知识体系的漏洞，有针对性地进行补充和完善，而不是从头到尾没有目的地去不断复习。

接受不完美，并不意味着放弃追求卓越或满足于现状，而是一种对现实的深刻认识和理解。它要求我们在面对复杂和多变的世界时，能够保持一颗平和的心态，认识到在追求目标的过程中，不完美是难以避免的。

接受失败

我多年前曾有一个很大胆的想法，想要靠自己制造一台生产食品的机器。遗憾的是，我没有任何机械知识，只有一腔热血。之后，我开始查询资料、选择材质，购买金属板、螺丝、链条、传动机，还买了钻孔机等各种设备，准备"手搓"一台几米的大机器。这台机器我前后花了几万块钱，用了两年多时间，最后只做出了模具，装上了链条和传动机，但与真正的机器还相差很远。

那段时间，我整晚整晚睡不着觉，脑子里想的都是机器的事，已经影响了正常工作和生活。而且，在做出全面评估之后，我发现仅凭自己手头上的设备，这台机器无论如何是做不出食品来的。现在想来，我当时并不是担心机器"搓"不出来成品，浪费金钱和精力这个结果，而是害怕被亲戚朋友嘲笑，因为这件事很多人都知道，我还请教过其中一些人。"这水平还想做机器，真是笑死人了。""太天真了，机器哪是那么容易就能做出来的。""真是想当然……"当时，这些画面不断在我脑中闪现，这才是我焦虑和害怕的根源。想通了这一点后，我果断放弃了这个计划，将所有半成品当成废品处理了。从那天开始，所有的焦虑都消失了。

我还有一次戒烟的经历。在固有印象中，戒烟是一件很难的事，但我从决定戒烟那天开始，就一支烟也没有吸过，昏昏沉沉睡了一周，之后就戒断了。周围的亲戚朋友知道后，对我大加赞扬，我感觉整个人都飘起来了。后来有一次滑雪，我在半坡摔倒，手划了一条大口子，滴滴答答滴了一路的血。朋友递给我一支烟，让我把烟灰弹在伤口上，说是可以止血。我照做了，血果然止住了。从那天开始，我又开始吸烟了，不过只敢偷偷摸摸地吸。现在想起来，也是太在意别人的评价。

我们之所以害怕失败，从心理层面来看，是因为失败往往伴随着失望、羞愧和对自我价值的质疑。这种情感的不适感让人们在面对可能的失败时感到恐惧。人们天生渴望被接纳和认可，失败则意味着在某种程度上遭到拒绝，这对自尊心和自我认同是一种打击。

从进化论的角度来看，害怕失败是一种生存机制。在早期人类社会中，失败可能意味着生命的终结或被群体排斥。虽然现代社会中失败的后果不再那么严重，但这种本能的恐惧感仍然深植于我们的基因中，使我们在做选择时，本能地想要避免失败。

从社会压力的角度来看，在大多数文化中，成功与能力、价值和身份地位紧密关联。社会常常以成就来衡量个体的价值，这导致人们在面对失败时，担心失去他人的尊重和爱。人们害怕失败会被周围的人看到，从而遭到评判或嘲笑。

《道德经》中说："大成若缺，其用不弊；大盈若冲，其用不穷。"最完满的东西像是有残缺一样，但它的作用永远不会衰竭；最充盈的东西好似是空虚一样，但是它的作用是不会穷尽的。这种看似不完整或空虚的状态，反而能够保持事物的恒常与功能的不竭，这是因为它们保持了一种最为本质的平衡和自然状态。

走出分析瘫痪的第一步，就是接受不完美，接受失败，接受自己的选择有可能会出错，可能会带来负面评价。但这些都不重要，因为没有人能替你生活。

第四节

不患人之不己知，患不知人也
《论语》——别人眼中的你不是你

三毛说："你对我的百般注解和识读，并不构成万分之一的我，却是一览无遗的你。"三毛的一生是恣意的、潇洒的，也是痛苦的、悲伤的、绝望的，她是海岛的一滴水，是撒哈拉的一粒沙，也是不食人间烟火的精灵。但对于我们来说，这样"出世"的生活实在太过遥远，作为"凡人"，我们还是要解决"入世"的问题。

"鸡汤"无用

"你没有那么多观众，别活得那么累。""不听流言蜚语，不畏人言籍籍。""真正聪明的人，不会太在意他人的看法。""在乌鸦的世界里，天鹅也有罪。"这些道理我们都懂，也都听了无数遍，可为什么无法做到呢？因为我们听到的大多是心灵鸡汤，在当时看起来好像很有道理，也让我们下定决心去改变，但一旦真正遇到问题，我们就会重新变得畏首畏尾，瞻前顾后，裹足不前。

心灵鸡汤之所以无用，从心理学和行为科学的角度来解释，是因为尽

22

管我们理解这些道理，但在深层次的情绪和行为模式上，人们长期形成的习惯和认知框架往往难以改变。这些习惯和框架在我们的大脑中已经根深蒂固，当面对特定情境时，它们会自动激活，导致我们在没有充分思考的情况下，就采取了习惯性的反应。简而言之，我们的行为更多是由潜意识中的模式驱动，而非理性思考的结果。

其次，心灵鸡汤虽然能在短时间内给人以心灵的慰藉和暂时的动力，但它们通常缺乏具体的行动指南和实践方法。这导致我们很难将理论转化为行动。

心灵鸡汤中往往充满了鼓舞人心的语句和故事，让你在阅读时感到非常振奋，信心满满。文章可能告诉你，只要保持积极的心态，就能够克服生活中的任何挑战。读完之后，你可能会暂时感到非常有动力，决定改变自己的态度，积极面对生活中的挑战。然而，当你真正遇到具体的困难时，比如工作上的一个棘手项目、人际关系的冲突，或是个人的健康问题，你可能会发现，仅仅靠着"保持积极"的念头，并不能直接帮助你解决问题。

最后，人们对他人看法的过度在意，很大程度上源于对社会归属感和认同感的需求。人是社会性动物，对他人的认可和接纳有着天生的渴望。这种需求在我们的心理上形成了一种深刻的影响，使得我们在不自觉中过分关注他人的评价，即便这些评价对我们的真实幸福和成长并不重要。

心灵鸡汤喝再多也没有用，想要突破分析瘫痪的怪圈，就要从根本上解决认知问题。

两种价值

个体心理学创始人阿尔弗雷德·阿德勒曾说："如果拥有不怕被他人所讨厌的勇气的话，就能够从烦恼中解放出来。"岸见一郎、古贺史健通过虚构一位青年和一位哲人对话的方式，将这一道理浅显易懂地展现在了《被讨厌的勇气》一书中。这本书与其他浅薄的心灵鸡汤不同的是，它不仅完成了逻辑上的闭环，还提供了具体的实践方法。下面这段对话，就是全书核心观点的体现。

青年：我一直都心怀不满……父母或老师会给出一些"要上那个学校"或者"得找一份安定的工作"之类的无趣指示，这其实并不仅仅是一种干涉，反而是一种负责任的表现。

……

哲人：……你在某种程度上希望被干涉或者希望他人来决定自己的道路吗？

青年：也许是吧！是这么回事！别人对自己抱有怎样的期待或者自己被别人寄予了什么样的希望，这并不难以判断。另一方面，按照自己喜欢的方式去生活却非常难。

……

哲人：的确，按照别人的期待生活会比较轻松，因为那是把自己的人生托付给了别人，比如走在父母铺好的轨道上。……咱们一起来思考一下，在意别人的视线、看着别人的脸色生活、为了满足别人的期望而活着，这或许的确能够成为一种人生路标，但这却是极其不自由的生活方式。那么，为什么要选择这种不自由的生活方式呢？你用了"认可欲求"的方式，总而言之就是不想被任何人讨厌。

青年：哪里有想故意惹人厌的人呢？

哲人：是的。的确没有希望惹人厌的人。但是，请你这样想：为了不被任何人厌恶需要怎么做呢？答案只有一个。那就是时常看着别人的脸色并发誓忠诚于任何人。如果周围有 10 个人，那就发誓忠诚于 10 个人。如果这样的话，暂时就可以不招任何人讨厌了。

但是，此时有一个大矛盾在等着你……做不到的事情也承诺"能做到"，负不起的责任也一起包揽。当然，这种谎言不久后就会被拆穿，然后就会失去信用使自己的人生更加痛苦。自然，继续撒谎的压力也超出想象。这一点请你一定好好理解。为了满足别人的期望而活以及把自己的人生托付给别人，这是一种对自己撒谎、也不断对周围人撒谎的生活方式。

这段对话反映了一个很普遍的心理状态：人们为了避免冲突和获得社会认同，往往会牺牲自己的需求和欲望，以适应他人的期望。这种做法虽然看似能够带来短暂的和谐和认可，但长期来看，却可能导致个人的不满、挫败感，甚至是身份的丧失。

哲人指出的"认可欲求"是人类天性的一部分，我们都有被社会接纳和认可的需求。然而，当这种需求成为我们行动的主导力量时，就可能导致我们丧失自我判断和行为的独立性，生活在不断的焦虑和压力之下。为了不被讨厌，不得不时刻注意自己的言行，以符合所有人的期望，最终变成没有自我主见的人。

这种生活方式的矛盾在于，虽然一时可以避免被讨厌，但长期下来会让自己陷入更多的困境。首先，要同时满足周围所有人的期望是不可能完成的任务，这会使个体承受巨大的压力和挫败感。其次，通过撒谎和隐藏真实的自我来获得认可，最终会导致信任的丧失和个人形象的崩塌。最严重的是，这种生活方式剥夺了个体按照自己的价值观和欲望生活的权利，使人失去了生命的主导权。

为了解决这个问题，书中提出了"课题分离"的方法。简单来说，一切人际，都是对别人的课题或别人对自己的课题妄加干涉的结果。只要将课题进行分离，就能跳出这个怪圈。分辨课题的方法也很简单，只需要思考一个问题：这个选择所带来的结果，最终要由谁来承担？如果需要你来承担，那就是你的课题；如果需要别人承担，那就是别人的课题。我们要做的，就是追求自己的课题，不去干涉别人的课题。

举例来说，学习是孩子自己的课题，作为家长，只需要为他提供帮助，而不是指手画脚，让他去承担自己的课题，让他面对自己的选择所造成的后果。这样做的好处是，孩子从小就能有自主学习的意识和责任感，能够认识到自己的事情要独立完成。相反，如果家长全程看着孩子，在旁边指手画脚，甚至大喊大叫，就是对孩子课题的干涉，只会让孩子认为，这个课题是属于家长的，从而丧失主动学习的积极性。

又如，"不想被别人讨厌""不想让别人失望""不想被人嘲笑""不想被别人看不起"……这些都是我的课题，而别人是否讨厌我、对我感到失望、嘲笑我、看不起我……这些都是别人的课题，我无法干涉，也无法决定和改变。

孔子说："不患人之不己知，患不知人也。"意思是不要担心别人不了解自己，而是要担心自己是否足够了解别人。因为前者是别人的课题，而后者是我们的课题。完成课题分离之后，我们可以换一个角度去重新认识世界，认识自己，跳出分析瘫痪的怪圈，获得做事的勇气。

第五节

士志于道，而耻恶衣恶食者，未足与议也
《论语》——放得下面子

不敢做事，在中国还有一种很普遍的原因，这就是好面子。我有个亲戚，以前是大老板，在某一线城市开了几家餐厅，生意很红火，豪宅也买了，豪车也开上了。每年回家，他都是亲戚们的焦点，坐在饭桌上挥斥方遒，指点江山，脸上写满自豪，口头禅是："你不行，我跟你说……"这两年行情不好，这位亲戚落魄了，还欠了不少外债，房子卖了，车也卖了，还是填不平窟窿，于是开始"摆烂"，班也不上了。有人给他介绍工作，他一概拒绝，我问他为什么，并劝他好好做最起码能保障基本生活。他回答："做这个会被人看不起。"

面子问题

两千多年前，"创业失败"的项羽带领八百人马突出重围，一路杀到乌江边。项羽回头对自己剩下的百十来号士兵说："我起兵至今八年，身经七十余战未尝败绩。今天别看他们人多，我一样能杀个三进三出，斩将夺旗。"说完拍马提枪，一个人冲向汉军。汉军被这样的气势吓破了胆，四散溃逃，项羽手起枪落，果然斩杀了一员将领。杨喜带领骑兵追击项羽，

项羽回头只一个瞪眼，吓得他连人带马退出去好几里。"霸王"再次提枪上阵，斩杀一名汉军都尉。

杀了个三进三出，项羽归拢部队，发现只损失了两名士兵。"西楚霸王"勇冠天下，果然名不虚传。可汉军实在太多，个人武力在大军面前毫无胜算，就是杀到兵器卷刃，也绝没有可能逃出生天，除非江上有条船。

好消息是，江上真的有条船，撑船的是乌江亭长，他对项羽说："江东虽然小，但还有方圆千里的土地，几十万父老，足够称王。请大王快跟我过江，重整旗鼓，还有东山再起的机会。"

可项羽却苦笑摇头说："当年我带着八千江东子弟兵向西挺进，如今只剩下我一个人，还有什么脸去见江东父老？天要亡我，渡江又有什么用呢？"说完便将宝马赠给亭长，自刎乌江。

项羽把自己的失败归结为天命，却从来不考虑是自己的问题，也不肯睁开眼看一看自己的那位对手——刘邦。当年彭城兵败时，刘邦也是只身一人逃走，为了给马车提速，就连孩子也踹下车去了，还不如乌江边的项羽，好歹西楚霸王的江东根据地还在。

项羽是个极好面子的人，甚至把面子看得比自己的命都重要，宁愿自刎也不愿回去，毕竟刚刚"富贵还乡"过。反观刘邦，却是个无赖性格。没发迹前，他就带着一群狐朋狗友到处蹭吃蹭喝，吃饭喝酒都要挂账。起兵后，他看不起儒生，把人家的帽子摘下来当尿壶。接见郦食其时，他让两个侍女给自己洗脚，边泡脚边和人家说话。荥阳兵败后，他想要韩信的兵符，又怕人家不给，趁人家睡觉悄悄把兵符给偷走了。这些事，项羽绝对做不出来。

从结果上看，刘邦之所以能够夺取天下，很重要的原因是不好面子，甚至有点"不要脸"。项羽的失败不仅在于战略上的失误，更在于他对面子和荣誉的过度重视，以至于最终宁愿选择死亡也不愿面对失败和耻辱。这种极端的自尊心和面子观念，最终成为他无法逆转乾坤的重要原因。反观刘邦，他的成功在很大程度上得益于他的实用主义和灵活多变的性格。他不拘小节，不怕丢脸，能屈能伸，这使得他能够在逆境中找到生存和反击的机会，最终赢得胜利。

自我设限

其实，从本质上看，好面子实际上就是在自我设限，给自己做事增加不必要的规则。反过来说，不好面子的人，是真正的实用主义者，只考虑什么对自己有用，通过什么手段能达到目的，想好之后就果断行动。

鲁迅先生专门写过一篇《说"面子"》，文中讲了个故事：说前清时，有个洋人到总理衙门要利益，一通恐吓，吓得官员们满口答应。但临走时，当官的却把他从侧门送了出去，不让他走正门。洋人走后，当官的沾沾自喜，觉得很有面子。"不给他走正门，就是他没有面子；他既然没有了面子，自然就是中国有了面子，也就是占了上风了。"

到底什么是面子呢？鲁迅分析说："每一种身份，就有一种'面子'，也就是所谓'脸'。这'脸'有一条界线，如果落到这线的下面去了，即失了面子，也叫作'丢脸'。不怕'丢脸'，便是'不要脸'。但倘使做了超出这线以上的事，就'有面子'，或曰'露脸'。"

比如我开头说的那位亲戚，以前是做大老板，再去做其他工作，就觉得是"丢脸"了。项羽也一样，以前是西楚霸王，吃了败仗仓皇逃窜，也觉得是"丢脸"了。刘邦为什么不怕"丢脸"呢？因为他知道自己想要什么，知道面子是虚的，势力才是实的，有了土地，有了兵，当上了皇帝，就是全天下最有面子的人。事实上也确实如此，刘邦最终成了汉高祖，而项羽自刎江边。好面子的人丢了面子，不好面子的人反而赢了面子。

人为什么好面子呢？在深层心理层面，好面子的根源可以追溯到个体对自我价值的认识和确认。人们渴望通过自己的能力和成就来确立自己的价值，并且希望这种价值得到他人和社会的认同。面子，作为社会和文化中被别人认同和尊重的重要方面，有利于个体实现自我价值。

在世俗社会中，个体的地位、名声、成就等都被视为衡量一个人价值的标准。因此，人们往往通过追求和保持面子来获得他人的认可和尊重。面子代表了一个人在社会中的形象和地位，直接关系到个体的自尊、自信以及社会认同感。好面子的人会特别重视外界对自己的评价和看法，他们希望通过维护自己的社会形象来确保自己的社会地位不受损害。此外，好面子也是一种防御机制。通过维护面子，个体可以避免潜在的羞耻、尴尬和负面评价，保护自己的自尊心不受伤害。

当社会评价和自我评价发生冲突，人就会产生"丢面子"的感受，陷入焦虑、羞耻、不安和自我质疑。这种情况下的个体可能会采取各种策略来恢复自我形象和社会地位，包括尝试改变外界的看法、强化自我辩护或者通过社会行为来弥补损失的面子。比如，项羽觉得丢了面子，就把问题归结到"天命"上来进行自我辩护，意思是"不是我不行，是运气不好"。

另外，人之所以好面子，是因为面子是个人能力、品质、成就、财富、地位、权力、声望等社会资源和个人品质的总和，是一种"社交货币"，在某些社会情境中，面子可以转化为实际的社会资源，如增加人际网络的机会、获取更好的职业发展机遇或者获得更多的社会支持等。面子就像学历，企业招聘时，面对一个个完全陌生的求职者，企业无法判断个人能力，设置学历门槛是最简单、最有效的办法。面子也是一样的道理。

一个拥有高社会地位和声望的人，往往更容易受到他人的尊重和信任。这种情况下，面子成了开启对话、建立联系和促成合作的关键。譬如，开豪车跟人谈生意，成功率要大于开"二手奥拓"。

可是，当个人的真正实力与面子冲突时，问题就出现了。当一个人为了维持面子而不得不展现超出其实际能力或资源的形象时，会产生巨大的心理和经济压力。例如攒钱买奢侈品，举债来维持高消费的生活等。

过度追求面子而忽视真实能力的提升，还会导致个人发展的停滞。当个人更多地关注于维护外在形象而非实际能力的增长时，会错失学习和成长的机会，陷入一种虚荣的循环，不断追求外在的认可而忽略内在价值与个人实力的提升。如鲁迅笔下的孔乙己——"孔乙己是站着喝酒而穿长衫的唯一的人。""长衫"代表了读书人的身份和面子，"站着喝酒"又是生活窘迫的真实写照。这位语文课本中的人物，曾在互联网上引起广泛热议，很多人认为，孔乙己就是当下的自己。努力十几年，高学历却成了"下不来的高台"，如同孔乙己"脱不下的长衫"。这是一种自嘲，也是一种无奈。

亦舒说："面子是一个人最难放下的，又是最没用的东西。当你越是在意它，它就会越发沉重，越发让你寸步难行。"中国有句老话："富在深山有远亲，穷在闹市无人问。"面子不是别人给的，而是自己靠实力挣的。它只能锦上添花，无法雪中送炭，最重要的是提升自己的实力。

孔子说："士志于道，而耻恶衣恶食者，未足与议也。"意思是一个人有志于道，却以自己不能锦衣玉食为耻，这种人是不值得交往的。当我们看清面子的本质后，不妨"脱掉长衫"，放下"面子"，关注"里子"。换一个视角去重新审视世界，审视自己，去追求自己真正想要的东西，提升自己的实力。只有这样，人生才能获得真正的成长。

第二章

规划人生，是敢做事的基础

第一节

千里之行，始于足下
《道德经》——万事开头难

我有过不少"拍大腿"的后悔经历。外卖行业刚刚兴起时，我当时在北京，想着盘个小店面专门做外卖生意，一定能赚钱。那段时间，我朝也想，晚也想，谋划了很久，却一直没有行动，后来这个计划就"胎死腹中"了，只能"临渊羡鱼"。过了几年，网约车又兴起了，各大平台补贴战打得热火朝天。我当时有车，也有车牌，一直想着利用下班时间跑一跑，一定能赚到钱。后来，这个计划也没有实施。不久，补贴大战结束了，一个亲戚告诉我，他当时全职在跑，手机上多下载几个平台，"跟捡钱一样"，一个月能赚一两万元。我只好再次"拍大腿"。还有一次，北京一个开发区新建的楼盘搞特价，一平方米只要八千多元。我当时囊中羞涩，咨询了一个在银行工作的同学。他说我的条件可以办理房贷，再借一点就可以凑足首付款，买一套房子并不难，可我又犹豫了。后来，那里的房价涨到了一平方米三万多元。

跳出舒适圈

我问了一下朋友，发现很多人有类似的经历。老话说："万事开头难。"看来一点都不假。

为什么我们总是难以跨出第一步呢？从心理学的角度来分析，面对新生事物时的畏难心理，本质上是人类对未知的自然恐惧。当我们遇到未曾接触过的任务或挑战时，大脑会自动评估与之相关的潜在风险和不确定性。由于缺乏经验和信息，我们很难准确预测结果，这种不确定性引发的心理防御机制，让我们在行动前变得更加谨慎和犹豫。

首先，信息的不完整是造成畏难心理的一个重要原因。当我们面对一个全新的项目或目标时，往往缺少足够的信息来做出明智的决策。这种信息的缺乏使得我们无法在脑海中构建出一个清晰的行动路径，因此产生不安和焦虑。

其次，过度预测负面结果也是导致万事开头难的原因之一。人们往往倾向于预测最坏的结果并以此来准备可能的应对策略，这种"灾难化"的思维模式让即将面对的挑战看起来更加困难和可怕。这种思维模式是一种典型的认知扭曲，放大了潜在威胁的严重性，使个体更加专注于最坏可能的结果，而忽视了更中性或积极的可能性。

这种防御策略，是人类最古老的生存机制。我们的大脑能够实现快速识别和响应威胁，以保护我们免受伤害。但在现代社会中，这种生理反应常常被过度激活，导致人们在面对并非生死攸关的挑战时也表现出过度的警觉和焦虑。

克服"灾难化"思维，可以从以下两个方面入手。

● **认知重构** 识别不合理的负面预测，用更现实和平衡的观点来取代它们。例如，想换工作，又害怕新环境中的挑战和不确定性，担心自己适应不了，甚至害怕失败后的后果。这时可以告诉自己，之前也成功适应过新环境和挑战，用"我有适应新环境的能力，之前也做到过"这样的正面鼓励来代替担忧。

● **关注积极结果** 有意识地想象成功的情景，有助于平衡大脑对负面信息的过度关注。例如，在面试之前，可以想象自己入职之后的场景。

此外，舒适圈的作用也不可忽视。 在心理学上，舒适圈指的是一个范围，在这个范围内活动或思考时，人们会感到安全、自在且无压力。人们在自己的舒适圈内，往往能保持较低的焦虑水平，因为他们对这个环境已经很熟悉，不需要太多精神和情感投入。

人之所以喜欢待在舒适圈内，主要有以下几点原因。

● **习惯力量** 根据心理学研究，人们往往会重复自己的习惯化行为，因为习惯减少了做决定时的认知负担。习惯化的行为慢慢演化为自动化的过程，无须太多的意识参与。这种模式简化了日常生活，但同时也让人们在面对新的挑战和机会时，显得更加犹豫和害怕。

● **认知失调** 当人们的行为与其信念或看法不一致时，会产生认知失

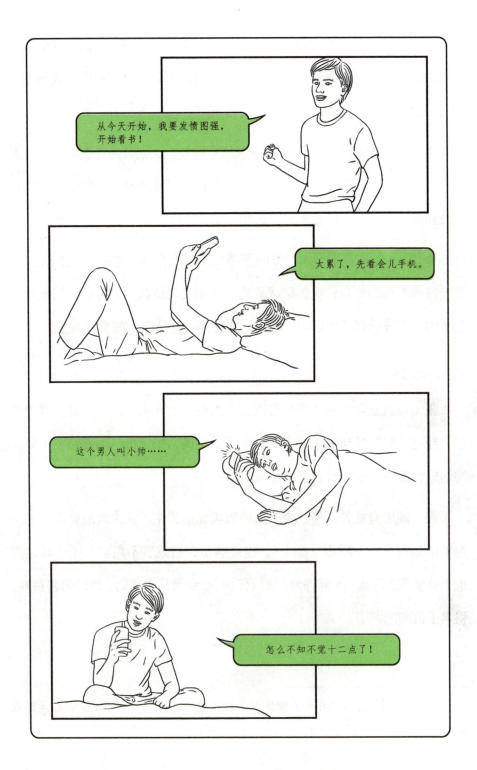

调，这是一种不愉快的心理状态。为了减少这种不适感，人们往往选择维持现状，避免新的行为可能带来的心理冲突，即使这意味着放弃成长和改变的机会。

● **风险规避** 人类天生具有规避风险的倾向，尤其是在面临未知和潜在的负面后果时。因此，人们倾向于停留在自己熟悉和安全的舒适圈内，即使外部世界可以提供更多的机遇和奖励，很多人也不愿从这里走出去。

● **自我确认偏见** 人们倾向于寻找和解释那些能够证实他们先入之见或自我观念的信息，而忽略或贬低与之相反的证据。这导致人们很难接受新的观念或尝试新的行为，因为这些可能会挑战他们的自我观念。

张士诚之死

张士诚就是典型的"困死舒适圈"的例子。元末，天下大乱，群雄并起。经过不断征战与厮杀，天下形成了张士诚、朱元璋、陈友谅三足鼎立的格局，其中以张士诚的势力最大。

张士诚出身贫苦，与三个弟弟靠贩卖私盐为生。元末政治腐败，朝廷为了增加收入，不断增发盐引[1]，提高盐价，百姓苦不堪言。张士诚过得也十分辛苦，但他"少有膂力，负气任侠"，经常仗义疏财，帮助穷苦百姓，积累了很高的声望。

---

1 "盐引"是官府在商人缴纳盐价和税款后，发给商人用以支领和运销食盐的凭证。

后来，刘福通发动起义，天下云集响应。张士诚等人也在家乡歃血为盟，杀富户，放粮仓，攻县城。不到几年，他们就占据了当时最富庶的苏杭地区，势力范围南到绍兴，北过徐州，西抵汝南，东邻大海，纵横两千余里，手下有士兵数十万，成为最大的割据势力，并自封吴王。

然而，从此之后，张士诚便被花花世界迷住了双眼，骄奢淫逸，失去了进取之心，整天沉浸在"酒池肉林"中，不问政事。文武百官纷纷效仿，以囤积居奇，搜刮财富为能。一碰上战事，张士诚手下的将领们就装病不出（"每有攻战，辄称疾"）。就算打了败仗，张士诚也不追究，"上下嬉娱，以至于亡"。

朱元璋"高筑墙，广积粮"时，张士诚在花天酒地；朱元璋和陈友谅打得不可开交时，张士诚选择隔岸观火；当朱元璋将矛头对准张士诚，兵临苏州城下时，张士诚这才大呼后悔，但一切都已经晚了。困守孤城，面对数倍于己的大军，张士诚身上的血性重新被激发了出来。他带领全城军民坚守了几个月，无数次打退敌军的进攻，但最终还是免不了城破被俘的下场。

在被押送至南京的船上，张士诚最后的愿望，就是能有个体面的死法。一路上，他不吃不喝，闭目绝食，想要靠这种方式保留最后一丝尊严。到南京之后，相国李善长问候张士诚，张士诚还是不愿意说话。最终，这位不可一世的吴王自缢而死，享年四十七岁。

张士诚是个很有能力的人。在高邮之战中，他带着一万多名乌合之众，打退元丞相脱脱率领的百万大军，从此元朝的局势急转直下，朝廷再也没有能力镇压起义军。张士诚称王时，朱元璋刚刚加入郭子兴的队伍，陈友谅还在家里晒鱼干。

从私盐贩子到吴王，再到南京城的阶下囚，张士诚的命运有过不止一次改写的机会。在战争初期，张士诚是最强大的割据势力，也是最有希望统一天下的。可他却带着手下的百官将领，一起掉进了"舒适圈"，失去了进取之心，眼睁睁看着朱元璋坐大。朱元璋与陈友谅互相攻伐，先后经历三次大战：龙湾之战、洪都之战、鄱阳湖之战。这三次大战，张士诚只要集中兵力猛攻朱元璋，历史就有可能改写。

但历史没有如果，也不能假设。张士诚之所以战败，很大一部分原因，就是被困在了"舒适圈"中，过分沉溺于现有的成就和舒适生活，而忽视了外部环境的变化和自身发展的需要。

《道德经》中说："千里之行，始于足下。"想要做好一件事，最难的就是从自己的舒适圈迈出去。

第二节

思立掀天揭地的事功，须向薄冰上履过

《菜根谭》——谨慎再谨慎

乐观偏误

前段时间，朋友老牛说自己开的咖啡店又倒闭了。这位朋友虽然家境殷实，却是个"实干派"，上大学时就开始折腾各种买卖。在学校门口开过奶茶店，卖过电话卡，洗过鞋，后来又开始在二手平台上倒卖东西，赚了不少钱。毕业后，他也没去找工作，什么火就做什么，基本在餐饮行业折腾。什么咖啡店、火锅店、串串店、烤鱼店，有的赚有的赔，但大体上算下来是赚的。有一次我问他："你这么开店，不怕赔吗？"老牛撇撇嘴说："赔了就赔了，有什么大不了的，就那么一点钱，实在不行就跟家里要呗。"

老牛说的"一点钱"，不是一两万元，而是一二十万元。对于普通人来说，是一笔不小的投入。按照当时普通工薪阶层的工资计算，这几乎是不吃不喝两年的收入，有些人可能得四五年。我意识到，我们普通人不是缺少勇气，也不是缺少头脑，而是缺少试错的机会。做任何事都要付出成本，创业尤其如此，有时候一次失误，往往几年的辛苦就要白费了。

以"攒钱做生意亏本"为关键词进行搜索，能够看到无数案例。一位网友分享，自己从小就有存钱的习惯，工作之后，五六年下来攒了一笔钱，一共有十万元。有了启动资金，心里就盘算着开一家服装店，感觉自己是做生意的天才，一定能成。可是，真正把店盘下来才知道，房租、打墙、地板、吊顶、台阶、射灯、门头、展示柜，处处都得花钱，十万块钱很快就捉襟见肘了。好不容易装修好了，满心欢喜地开始进货，挑衣服，却没有顾客上门，半年就亏得精光。

人们在做计划时盲目乐观的现象，在心理学中称为"乐观偏误"（Optimism Bias），这是一种普遍存在的心理倾向，让人们过高估计成功的概率而低估失败的可能性。

●**自我增强效应** 人们有自然的倾向去维护和增强自己的自尊和自我形象。在做计划时，乐观预期能给人一种能力上的确认，让自己感觉能够掌控局面，从而提高自信心。

●**控制幻觉** 人们往往高估自己对事件的控制能力，认为通过自己的努力就能达成目标，从而忽视了外部因素和不可控的变量。

●**选择性注意** 在信息收集和处理过程中，人们倾向于关注和记住那些符合自己预期和愿望的信息，而忽略或轻视那些反对意见或负面信息，导致预期过于乐观。换句话说，在准备做某件事时，人是不客观的，只重视对自己有利的消息，忽略对自己不利的因素，用这种方法来盲目地增加信心。

●**成功案例的影响**　媒体和社交网络上经常突出展示成功案例，而无视其背后成千上万的失败者。这种"幸存者偏差"让人们对成功的可能性有着不切实际的期望。尤其是现在短视频流行之后，互联网到处都是"月薪过万"的人，资产过亿的富豪仿佛遍地都是。然而，实际上的情况是，2023 年，中国居民人均可支配收入只有 3.92 万元，全国居民人均工资性收入只有 22053 元，这才是真实的世界。

很多人看到别人的成功，就认为自己也能通过同样的方法取得成功。更有甚者，那些"导师"还会不厌其烦地分享自己的成功经验，鼓动你去报课、加盟，结果你一败涂地。在短视频平台上，我们为什么很少看到失败者呢？因为失败者通常不会把自己的状况分享出来，这也是一种"幸存者偏差"。

我曾经入职过一家餐饮加盟公司，负责公众号宣传。这家公司很大，占了一整层写字楼，每个隔间里有三到五个餐饮项目，包括一间装修好的样板间店面，一套设备，一些做好的样品，若干厨师，"王牌"项目还会在公司附近开个店，雇人排队，其中最多的就是奶茶店。

客服部有几十个人打电话到处找客户推销餐饮项目，一旦有客户来考察，厨师们就会在各个档口"流窜"，用最好的原材料，以最快的速度做出美食，让客户大快朵颐。再经过一系列话术推销，客户很容易下定。之后才是噩梦的开始。加盟费、门店装修费、原材料进货费、设备更新费，每年都有大笔大笔的支出。最后，这些加盟的客户大多会以倒闭收场。

我问部门经理:"这不是坑人吗?"经理抽着烟,脸上闪过一丝得意,斜眼看了我一下说:"这怎么叫坑人呢?你情我愿的事情,他们想创业,我们提供帮助。这些钱就算咱们不赚,也会有别人赚,你说对不对?"他的话乍一听挺有道理,但仔细琢磨一下就能回过味来。

从表面上看,"你情我愿"的交易似乎没有问题,但如果交易的一方利用信息不对称来诱导另一方做出决定,这就变成了一种不公平的商业行为。餐饮是很"卷"的行业,因为门槛低、投入少、流转快。一家餐饮店能否成功,除了产品,更重要的是位置、客流。然而,加盟公司只提供产品,却收取高额加盟费及其他费用,根本没有考虑过客户的死活。到这一步,其实生意就已经做完了。

他们利用了人们对成功的渴望和对风险评估的乐观偏差。客户往往在看到成功案例之后过分乐观地评估自己的成功概率,而低估了失败的可能性,对隐含的高成本预估不足,企业的高压销售技巧和精心策划的展示,更是放大了这种心理偏差,使得客户在没有完全理解风险的情况下做出了加盟的决定。说到底,所谓的加盟,就是挥起"镰刀"收割加盟商的血汗钱。

看清这家公司的真相后,我当天就提出了离职,前后工作了不到一个月。没过多久,更"魔幻"的来了。我有个朋友要开奶茶店,准备加盟一个挺知名的品牌。我苦口婆心地劝了好几天,把加盟公司的情况从头到尾说了一遍,可还是没能动摇她加盟的决心。半年后,她告诉我她亏了三十万元,要重新开始找工作了。可见,"乐观偏差"是很难克服的。

● **过去成功的经验** 如果一个人在过去的某些计划或任务中取得了成功，可能会过分依赖这些经验，错误地认为未来的事情也会顺利进行，没有考虑到每种情况的独特性和变化性。比如我那个开奶茶店的朋友，就是因为过去顺风顺水，没有遭受过社会的"毒打"，才有一种迷之自信。

谨慎是第一要务

还有一个很重要的原因，普通人缺少赚钱的渠道，也很难接触到真正会赚钱的人。赚钱不是"苦力活"，而是技巧活。可惜的是，一般情况下一个人如果有赚钱的法门，一定会捂起来不让别人知道，就算是家人也一样，因为你不能保证家里其他人嘴巴严实。就像老子说的"良贾深藏若虚"，那些在社交平台上分享赚钱秘籍的，多半是要挥动"镰刀"了。

我们普通人，应付工作和生活就已经筋疲力尽，每天起早贪黑，很难去找到向上突破的方法。想要白手起家，贷款创业，破釜沉舟的人千千万，但成功的是极少数，负债累累的反而是多数。这些失败案例的背后，是多少家庭的悲欢离合，多少打工人的辛酸血泪？

因此，无论有什么计划，谨慎都是第一要务。想要成事，谨慎并不是美德，而是基本素养，要有"惴惴小心，如临于谷。战战兢兢，如履薄冰"的心态。那么，怎样才算谨慎呢？

古人说："官司凡施设一事情，休戚系焉。必考之于法，揆之于心，了无所疑，然后施行。有疑，必反复致思，思之不得，谋于同僚。否则宁缓以处之，无为轻举以贻后悔。"这段话的意思是：在做决策和采取行动之前，一定要深思熟虑，特别是在关系到他人利益和公正性的问题上。通过参考律法、审视内心、排除疑虑、反复思考、与同事讨论，确保决策的合理性和正当性之后，才能行动。如果存在疑问，宁可选择暂缓行动，也不应草率决定而留下遗憾和怨恨。

曾国藩也是一个极其谨慎的人。初入官场时，他把"勇"作为自己做人做事的原则。但随着官位越来越高，他深刻体会到了官场的云谲波诡，人心叵测，做事越来越谨慎。写奏章时，每一个字都要反复思考才肯下笔。就算是幕僚代写，他也要仔细检查，亲自改过之后才敢呈上。

《菜根谭》中说："思立掀天揭地的事功，须向薄冰上履过。"意思是想要建立功业，必须如履薄冰般经历险峻的考验。曾国藩如此，我们普通人更是如此，千万不要因为盲目乐观，一时冲动而成了别人"镰刀"下的"韭菜"。

第三节

为人择官者乱，失其所强者弱

《素书》——看清形势，找到优势

白登之围

公元前 200 年，刘邦已经做了七年皇帝，不过，他这七年过得并不轻松。国境内，异姓藩王们在他的卧榻之侧酣睡，蠢蠢欲动；国境外，匈奴不断侵扰，烽烟四起。好在他虽然坐了龙椅，当年打仗的功夫还在，于是率大军御驾亲征，要给这些"蛮子"一点颜色看看。天不遂人愿，几个月之后，刘邦坐困愁城，肚子饿得"咕咕"叫了。数九寒天，外面风雪交加，北风呼号，战士们手指头都快被冻掉了。城外是四十万匈奴大军，城内是残兵败将，刘邦紧了紧身上的袍子，望着即将熄灭的火炉，又想起了被项羽追着打的那个晚上。如果不出意外的话，他刘邦就要在这里丧命了。

可天无绝人之路，就在这绝境中，陈平想到了一个绝妙的主意。他在山上看到冒顿单于对新纳的阏氏十分宠爱，经常一起骑马进出，又听说阏氏很喜欢金银珠宝，于是便向刘邦献计，不如从阏氏身上下手，让她帮忙吹吹枕头风，兴许还有一线生机。

刘邦像是溺水的人抓住了救命稻草，赶忙准备好财物，让陈平在大雾的掩护下来到山下，向阏氏献上金银珠宝。阏氏收了钱，对单于说："听说汉朝马上就有几十万大军前来支援。"单于不信，阏氏又说："皇帝被困在山上，汉人怎么可能不来救呢？到时候山上的人攻下来，汉人两面夹击，咱们还有胜算吗？再说了，就是占了汉人的土地，咱们也无法居住，不如放他们一条生路。"

冒顿单于原本和韩王信部下约定会师，但对方一直没有来，怀疑他们与汉军勾结。于是下令打开包围圈的一角，让汉军撤了出去。就这样，刘邦总算是保住了一条命。这就是历史上著名的"白登之围"。

这场战争，刘邦带了三十万大军，携百胜之威，粮草充足，信心满满，原本是想一鼓作气，击败匈奴的。战争前期，汉军确实连战连胜，在铜鞮（今山西沁县南）、晋阳（今山西太原南晋源镇）连破匈奴大军，一路行进到代谷（今山西繁峙西北）。刘邦派人侦察匈奴军队的虚实，冒顿单于故意把精兵良马藏了起来，示敌以弱，刘邦以为自己稳操胜券，准备继续前进。娄敬劝刘邦说："两军交战，本应该展示军威，增强士气，现在匈奴一眼望去全是老弱病残，这事怎么看怎么怪，一定是埋伏起来准备伏击咱们呢。"刘邦听后大怒，骂道："好你个齐国孬货，凭两片嘴唇捞了个官做，现在竟敢乱我军心！"之后就让人把娄敬抓了起来，准备凯旋后再处置他。可到底没能凯旋，娄敬也保住了一条命。

这一战刘邦为什么失败呢？

首先，汉朝刚刚完成统一，国力薄弱，战争不断，且刘邦生出轻敌之心，看不到自身的劣势和地方的优势。而匈奴正值全盛时期，东灭东胡，西击大月氏，南侵燕代，成为漠北霸主，兵强马壮。双方在硬实力上相差很大。其次，进军时正值隆冬，天寒地冻，汉朝的士兵根本就无法适应，而匈奴人长期生活在这样的环境下，来去自如。最后，刘邦轻敌冒进，不听娄敬的劝告，最后被围困在白登山上，差点儿就回不去了。

可以说，天时、地利、人和都不站在刘邦一边，失败几乎是注定的。

刘邦白登之围的失败，正应了《素书·遵义章》所言："为人择官者乱，失其所强者弱。"他轻视匈奴的实力，未能深刻审时度势，找到己方的真正优势。作为刚刚完成统一的汉朝，刘邦的强项在于笼络人心和调动资源，而非直接与匈奴硬碰硬。他一味追求速胜，舍弃己方优势，结果陷入困境，差点丧命。相反，陈平通过进献金银珠宝，分化敌人，利用匈奴内部的弱点化解了危机。这一战的教训告诉我们，无论是为人处事还是行军打仗，看清形势、找到自己的优势，才是破局的关键。

SWOT 模型

如何能够看清形势，找准自己的优势呢？孟子说："天时不如地利，地利不如人和。"天时、地利、人和，自古以来是决胜的关键因素。我们在规划事业时，也要充分考虑这些因素。20 世纪 60 年代，美国管理顾问阿尔伯特·汉弗莱（AlbertHumphrey）在斯坦福大学的一个研究项目中开发了 SWOT 模型，该模型可帮助我们更好地分析和规划人生目标。

SWOT，即 Strengths（优势）、Weaknesses（劣势）、Opportunities（机会）和 Threats（威胁）。

● **优势（Strengths）** 指个人在生活或职业道路上的内在优点和资源。

包括特定的技能、教育背景、人脉网络、个人品质（如领导力、创造力、适应力）等。

《素书》中说："为人择官者乱，失其所强者弱。"意思是为官者徇私舞弊，政治就会混乱，失去自己的优势，强者就变成了弱者。每个人都是独一无二的个体，都有其独特的潜力和优势。然而，有时候我们会刻意去模仿那些"成功人士"，迎合他人的需求和愿望，逐渐放弃了自己的潜力，把自我埋没在世俗的滚滚洪流中。

如何了解自己的优势呢？可以通过一些专业测量工具，如 MBTI（迈尔斯－布里格斯类型指标）、盖洛普优势识别器（Clifton Strengths Finder）、霍兰德职业兴趣量表（Holland Codes）等。这些方法都是具体的、可观的、可视化程度很高的工具。

有些人业务能力强，靠自己的硬实力吃饭，有些人交际能力强，靠"混圈子"吃饭，虽然免不了阿谀奉承，但也能做出一番成绩；有些人创意无限，靠独特的思维和创新能力吃饭，他们常常能开创新领域，引领潮流；有些人则擅长学习，不断吸收新知识、新技能，通过持续的自我提升来适应不同的工作环境；有些人擅长危机管理，能在紧张复杂的情况下保持冷静，找到问题的解决办法；有些人则依靠自己的直觉和经验，能够敏锐地捕捉到生活中的小细节和机会，将它们转化为自己的优势……

每个人都有自己的优势和特长，关键是认识并发挥这些优势。无论是在职场还是生活中，理解自己独特的能力和价值，找到适合自己的道路，就能够更有效地实现个人目标。

● **劣势**（**Weaknesses**） 指个人在生活或职业发展中的内在缺点或限制。

这可能包括缺乏某些技能、有限的教育资源、时间管理不佳、过度紧张等。

● **机会**（**Opportunities**） 个人可以利用外部环境中可以为个人带来优势的因素，来提升自身的竞争力或达成个人目标。机会可能包括职业发展的新趋势、继续教育和培训机会、新的人脉建立、生活改变的可能性等。

机会中最重要的是大势，也就是天时，用现在流行的话说，就是"风口"。想要了解风口，就要多接触新技术、新行业的相关信息。如前几年的互联网浪潮，网购、网约车（新兴时期）、外卖（新兴时期）、区块链、物联网等。再如这几年的人工智能、生物技术、基因编辑、新农业、健康科技、教育技术革新等。这些新技术都会产生很多新岗位，也会带来一批新的机遇。

抓住"风口"，做事能有怎样的事半功倍的效果呢？作为普通人，我们不去讲那些大公司的故事，只分享身边普通人的情况。我们办公室有个小伙子，今年二十五岁，大专毕业，没有任何计算机基础。AI 兴起后，他觉得 AI 绘画很有前途，准备自学技术，问我有没有靠谱的课程。我对 AI 绘画只懂一点皮毛，但平时想学什么，都是在网上找免费课程，就把网站分享给他。

第二天，小伙子就开始自己研究了。

AI 绘画对显卡要求很高，办公室电脑的配置不太行，小伙子舍不得花钱，就租了一台云电脑，每天中午我们休息时，他就趴在电脑前，一边看课程，一边研究关键词调整、大模型修改、SORA，生成各种类型的图片，后来又自学了模型训练，开始在各大平台接单赚外快。不久 AI 视频兴起，他又开始研究视频生成，自己做了一个自媒体账号，结合时事热点生成短视频和图片，一周时间就有了上万的粉丝。

他告诉我，从小到大他都不会画画，写字也特别丑，没有这方面的天赋，没想到有一天还能吃上这碗饭，实在不可思议。这就是新技术对人的赋能。抓住"风口"的确为许多人提供了改变命运的机会，但这个过程并不像看上去那样简单。它需要个人具备快速学习和适应新知识的能力、一定的资源配置能力，同时还要不懈努力，持之以恒。我老家上一代人，大多是在外面做生意的，天南海北哪里都有。用我父亲的话说："那时候什么都没有，但凡手脚勤快一点，做生意就像捡钱一样。"事实上也确实如此，当时很多人都是半文盲，就是靠着勤能补拙赚了"第一桶金"，在一线城市买房实现了财富积累。而那些更有头脑的人，则通过资源配置积累了更多财富。

《艋舺》中有一句非常经典的台词："风往哪个方向吹，草就要往哪个方向倒。年轻的时候，我也曾经以为自己是风。可是最后遍体鳞伤，我才知道我们原来都只是草。"

选择行业时，看清大势，顺势而为，往往能够事半功倍。经济繁荣时，蛋糕做得大，无论什么行业都能赚到钱。经济低迷时，发展好的反而是娱乐业、彩票业、二手交易市场、债务相关行业以及折扣零售业等。

● **威胁（Threats）**　外部环境中可能对个人造成不利影响的因素。

威胁可能包括职业道路上的竞争压力、技术变革导致的岗位消失、健康问题、个人或家庭生活的不稳定因素等。

通过这个模型，我们可以更全面地了解自己在生活和职业规划中的位置，明确自己的长处和短板，识别可以利用的机会以及可能面临的威胁。然后据此制订相应的发展计划和应对策略，以最大化利用个人优势，改善或弥补劣势，把握机会，减少威胁带来的影响。

通过白登之围这段历史我们可以知道：看清形势，找到优势，审时度势，才能更好地规划和实现人生目标。

刘邦的被困源于轻敌冒进，未能有效发挥自身的资源整合能力，而陈平的成功则在于深刻理解局势，利用匈奴内部的弱点破局。从历史故事到现代案例，无论是管理者、创业者，还是普通人，都可以从中汲取智慧：在这个充满机遇与挑战的时代，每个人都需要不断审视自身，了解自己的优劣势，结合外部环境的变化找到适合自己的定位。

人生如战场，不同的选择和应对策略，决定了最终的胜负。在未来的道路上，无论我们身处何种境遇，只有充分利用自身优势、抓住时代的风口，同时谨防潜在威胁，才能真正突破困境，实现个人价值与事业的双丰收。

博观而约取，厚积而薄发
《东坡先生全集》——逐步向目标靠近

用进废退

马德拉群岛位于北大西洋中东部，包括马德拉、波尔图桑塔、德塞尔塔什等众多岛屿，总面积约八百平方千米。在火山的作用下，这里地势崎岖，沟壑纵横，到处都是奇峰绝壁，山泉瀑布，景色绝美，被誉为"大西洋明珠"。

马德拉岛上有个很奇怪的现象，岛上栖息着五百多种昆虫，却有两百多种翅膀残缺，无法飞翔。更奇怪的是，在从属于马德拉群岛的德塞尔塔什群岛上，没有翅膀的昆虫比例比马德拉岛还要高。

这一现象引起了生物学家的浓厚兴趣，其中就有达尔文。他经过长期观察和研究发现，这些昆虫之所以"自断一臂"，居然是为了更好地生存。在海风袭来时，那些翅膀残缺，或者因为惰性躲起来的昆虫，获得了更多的生存机会，而那些翅膀发育良好，"勤劳"的昆虫却被海风吹进了海里，反而遭遇了灭顶之灾。德塞尔塔什群岛之所以无翅的昆虫种类更多，是因为那里没有遮挡，昆虫要直面海风。至于留下的那些会飞的昆虫，翅膀远比其他地区的同类昆虫强壮得多，只有这样才能获得生存机会。这就是生物学中著名的"用进废退"原则。

简单来说，在演化过程中，生物体的某些器官或功能如果长期得到有效使用，就会逐渐发展和完善；相反，如果这些器官或功能长期不被使用，就会逐渐退化甚至消失。这是生物为了更有效地适应环境和节约能量资源而进行的自然选择过程。在自然界中，每一种生物都在不断地与其所在的环境互动，那些能够帮助它们更好地生存和繁衍的特征逐渐被保留下来并得以强化，而那些不再有用或者对生存没有帮助的特征则会逐渐退化。

人类也同样遵循这样的原则，例如，随着现代社会的发展和技术的进步，人们对于某些原始生存技能的依赖逐渐减少。比如，过去人们需要依靠直觉和敏锐的感官来捕猎和避免危险，但在现代社会，这些技能已经不再是生存的必需，因而这方面的能力可能相对退化。相反，随着社会对知识和信息处理能力需求的增加，人类的认知能力和学习能力被强化。

同时，在物理层面，由于现代生活中体力劳动逐渐减少，人类的肌肉力量可能相对于过去有所下降，但对于精细动作和协调能力的需求不断增加，这方面能力会有所发展。

同样的道理，如果一个人拥有某项特长或技能，但长时间不去练习或使用，这项技能可能逐渐退化。这是因为大脑和身体都遵循"经济性原则"，即优先维持和发展那些经常使用的能力，而不常用的技能会逐渐失去效率和准确性。

例如，一个人擅长某种乐器，但几年不弹奏，他可能会发现自己的演奏技巧不如以前熟练；而如果长期不使用第二语言，他可能会发现自己的听说能力有所下降。这是因为不活跃的神经连接会逐渐减弱，而新的或更频繁使用的连接会得到加强，这是大脑适应和优化资源分配的方式。

因此，在找到自己的优势领域之后，最重要的就是去做，努力练习，在保证生存的前提下，试着用自己的特长获得回报，最后再决定是否将它作为自己的终身事业。

分割目标

《道德经》中说："天下难事，必作于易；天下大事，必作于细。"面对一个庞大的目标时，如果只是盯着它的全部会感到非常复杂，很具有挑战性，甚至不知从何下手，我们常常被压倒性的焦虑和恐惧所困扰，导致行动瘫痪，失去做事的动力，左宗棠就曾长期陷入这样的状态中。

左宗棠是晚清举足轻重的人物，也是近代著名民族英雄，曾兴办洋务，收复新疆，官至军机大臣、两江总督，位列"晚清中兴四大名臣"之一。然而，跟曾国藩一样，他的"考运"也不怎么好。更不幸的是，左宗棠家境贫寒，好在家里的长辈都很重视教育，从小就对他耳提面命。

可是，左宗棠二十岁时通过乡试之后，连续三次进京赶考，全都名落孙山，虚度了六年光阴。考场失意，眼看着已经难以通过"科举征途"踏上仕途，左宗棠干脆不考了，开始研究舆地、兵法、农业等实务。没想到，这次"路线转移"却使他声名鹊起,受到了当时很多名流的交口称赞。也就是在这一年,左宗棠和周诒端成婚,做了"倒插门"女婿。

周诒端出身富豪之家,祖上做过户部左侍郎,从二品。虽然放在京城不算什么,但在小地方绝对算得上名门望族。结婚当晚,左宗棠写了一副对联贴在婚房门口:"身无半亩,心忧天下;读破万卷,神交古人。"即使再落魄,他也没有放弃心怀天下的理想。

可是,这个理想实在太大,不是一朝一夕就可以实现的,左宗棠现在只能一边铺路一边等。在之后的十几年中,左宗棠开始踏实做事,广结善缘。在北京时,他认识了之后推荐他的胡林翼;在书院讲学时,他结识了两江总督陶澍;在陶家任教时,他用八年时间把陶家藏书读了一遍;在长沙,他见到了林则徐。

左宗棠这一等,就是十几年。这十几年中,他并不是坐困愁城,而是一边充实自己,一边寻找机会。一直到四十岁那年,机会终于来了。太平军围攻长沙,省城危急,在郭嵩焘等人的推荐下,湖南巡抚张亮基聘左宗棠为幕僚,把有关军事的一些公务交给了他。

左宗棠也没有让他失望,多年在实务方面的积累终于派上了用场。他"昼夜调军食,治文书""区画守具",坚守城池,太平军围攻三月,仍然攻不下长沙,只好铩羽而回。这一仗,左宗棠打出了名气,时人评价:"天下不可一日无湖南,湖南不可一日无左宗棠。"

古人云:"君子藏器于身,待时而动。"左宗棠的成功,不是等来的,而是将"心忧天下"、青史留名的大目标分解成一个个小目标，逐步实现。他没有因为考试失利就放弃，反而转变思路，广泛学习实务知识，不断积累经验。在等待机会的同时，他不停地为自己"充电"，通过坚持学习和实践，不断增强自己的能力。当机会来临时，他已经准备好了迎接挑战。这就是所谓的"发上等愿，结中等缘，享下等福；择高处立，就平处坐，向宽处行"。

在心理学中，这种方法与目标设定理论和逐步接近法相呼应。目标设定理论强调，制定具体、有挑战性的目标，并持续给予反馈，能显著提升人的动力和表现。逐步接近法则是通过逐渐面对和适应恐惧或挑战的方式，帮助我们克服焦虑，增强自信。

左宗棠的经历，正是这两种理论的实践。他将远大的目标细分为可以实际操作的小步骤，脚踏实地地一个个完成，在这一过程中不仅提升了自己的能力，也为下一步成功积累了经验和自信。通过不断地学习和实践，他逐步适应并克服了面前的困难，最终实现了自己的理想。

面对看似遥不可及的目标，不要被其庞大和复杂性吓倒。通过将其分解为一个个小目标，专注于当下可以采取的行动，可逐步接近最终的大目标。在这个过程中，只有不断地学习和实践，积极地面对和解决问题，才能一步步到达终点。

比如，过度肥胖者想要减肥三十斤，可以将这个大目标分解成每周减肥一至两斤的小目标。这样看起来更加可行，也更容易实现。在制订运动计划时，也可以从简单的运动开始，如快走、慢跑或瑜伽。每天至少进行三十分钟中等强度的运动。随着体力的提高，再逐渐增加运动的强度和时间。每达到一个小目标，给自己一些小奖励，如享受一段放松的泡澡时光、购买心仪的商品或一件小礼物。这些正向反馈可以激励你继续前进。

又比如，想要开展一项新的业务或想要接触新的行业，先不要想太过遥远的计划或最终成功的场景，而应把注意力集中在"现在应该做什么"上。从学习和了解开始，对相关领域进行深入的研究和学习，了解市场现状、分析竞争对手以及潜在客户的需求。再基于你了解到的信息，制订详细的业务计划书，包括业务模式、市场定位、营销策略、财务预算等。接着确认所需的资源和资金来源，寻找合作伙伴来分担风险、筹集启动资金、购买或租赁设备和场地等。一切准备妥当之后，先开始小规模运行，收集客户反馈，等稳定之后再逐步扩大规模。最重要的是，在整体下行时，不管做什么都要谨慎、谨慎再谨慎，如果没有十足的把握，不要轻易投资。

很多时候，我们之所以一直无法采取行动，是因为想得太多、做得太少。通过这种方式，可以有效解决拖延、畏难、犹豫、纠结等问题，把"想做事"转变为"敢做事"，"博观而约取，厚积而薄发"，有计划、有步骤、有目的地实现自己的目标。

第三章

懂得借力，是敢做事的底气

第一节

他山之石，可以攻玉

《诗经》——借力打力

商山四皓

汉高祖刘邦，到了晚年最宠爱戚夫人。当年他兵败彭城，途经定陶（今山东菏泽）时，一眼就相中了戚夫人，不久后生下了儿子刘如意。

对这个孩子，刘邦满眼都是宠爱，因为他长得跟自己实在是太像了，简直就像一个模子刻出来的。再看太子刘盈，看哪哪都不顺眼，性格文静懦弱，胆小内向，一点也不像他。要不是嫡长子，太子的位置怎么也轮不到他。

其实，刘盈之所以有这样的性格，问题全出在刘邦这个当爹的身上。当年刘邦还没发迹时，整天带着一群狐朋狗友瞎混，经常喝得烂醉如泥，家里的事一概不管，对两个孩子也不闻不问。在刘盈眼中，老爹就是个不学无术、终日游荡的"醉鬼"。彭城兵败时，夏侯婴驾车护送刘邦逃亡。途中接上刘邦的两个孩子后，刘邦因担心影响逃跑速度，竟将他们踢下车去。要不是夏侯婴，刘盈早就被楚军杀了。当上太子之后，刘邦还是一点好脸色也没有，经常说这个孩子不像自己，满眼都是嫌弃。

精神分析学派创始人弗洛伊德认为，人的性格形成主要在儿童早期，特别是前六年，并且这一时期内的经历、冲突和欲望会深深影响个体的无意识心理，并可能在成年后以各种形式表现出来。可以说，刘盈的懦弱、内向、文静，与刘邦的忽视和冷漠有直接关系，这位高高在上的汉高祖是"第一责任人"。

时间一天天过去，吕雉逐渐年老色衰，刘盈更加软弱，而戚夫人仍然年轻貌美，刘如意怎么看怎么有帝王之相。于是，晚年的刘邦就起了换太子的念头。帝王之家无私事，换太子这样的大事，可不是皇帝一个人就能决定的。

于是，刘邦召集群臣开了个会，刚说出自己的意思，群臣便激烈反对，其中又以御史大夫周昌反对最强烈。刘邦问他原因，周昌口吃，结结巴巴地说："臣口不能言，然臣期……期知其不可。陛下虽欲废太子，臣期……期不能奉诏。"刘邦听完尴尬一笑，把这件事暂时搁置了。可好巧不巧，对话的全过程都被吕雉听到了。她大惊失色，派吕释之找到正在云游四海的张良，问他有什么对策。

张良功高震主，为了明哲保身，整天闭门不出，几乎不参与国事。见吕释之找了过来，他只能推说："这是天子的家事，我一个外人有什么办法？"吕释之见他不配合，就急了，拉着张良说："无论如何你也得想个办法。"张良无奈，只得说："这件事不是靠口舌之辩能成的。有四个很有名的贤人，号称商山四皓。他们隐居在商山，是秦朝的博士官，年纪很大了。皇上请了好几次，这几个人都因为他侮慢读书人不肯下山。你让太子亲自写一封信，言辞恳切一点，姿态放得低一点，备上厚礼，请他们出山，用宾客之礼相待。上朝时，让他们跟在太子身后，这件事自然就成了。"

吕释之回去之后，按照张良的吩咐前往商山，果然请来了四位隐士高人。恰好这时，黥布谋反，刘邦年老体衰，想让太子去带兵平叛。商山四皓听说后，立刻找到吕释之说："太子带兵出征，即使有功，对他的地位也没有影响，一旦战败就危险了。况且，黥布的手下都是当年跟着皇上打天下的虎狼之师，哪里是太子能对付的，这不是以羊驱狼吗？快去告诉皇后，让她无论如何也要阻止。"吕释之赶紧入宫见了吕雉，吕雉跑到刘邦面前，声泪俱下地把商山四皓的话说了一遍，刘邦听后大骂："我就知道这个窝囊废派不上用场，还得老子亲自去。"

刘邦平定黥布后，病得越发严重，更加坚定了换太子的决心，无论群臣怎么劝谏他都不为所动。直到一次宴会上，"四人从太子，年皆八十有余，须眉皓白，衣冠甚伟"，威风凛凛地跟在太子身后出现时，刘邦大感惊讶，问道："你们是什么人？"商山四皓一人回答："我们就是传说中的东园公、甪里先生、绮里季、夏黄公。"刘邦更加惊讶："我叫你们好几次都不来，怎么太子一请你们就出山了？"老先生说："陛下轻士善骂，臣等义不受辱，故恐而亡匿。窃闻太子为人仁孝，恭敬爱士，天下莫不延颈欲为太子死者，故臣等来耳。"刘邦这才醒悟，对四人说："劳烦你们以后用心辅佐太子。"就这么几句话，刘盈稳住了太子位，成为汉朝的第二位皇帝。

他山之石

刘邦想换太子，那么多功勋故旧变着法地劝，他都不为所动，四个白发老人几句话却能让他改变心意，难道仅仅是因为这四个人德高望重吗？当然不是。对于儒生，刘邦是非常厌恶的，尤其是这些故作清高的"老儒生"。他态度的转变，源于一场对话。

陆贾是当时名闻天下的儒生，跟随刘邦一起平定天下，建立汉朝，经常在刘邦面前谈论《诗》《书》，刘邦厌恶地说："老子靠骑马打仗得天下，你天天说这些有什么用？"陆贾回答："马上得天下，却不能马上治天下。如果秦朝当年能够施行仁政，还会二世而亡吗？"刘邦听后面有愧色，从此改变了对儒生的看法。

他之所以多次邀请商山四皓，看中的并不是他们的才华，而是号召力。四位"老祖宗"都请来了，天下儒生看到了皇帝的姿态，自然也会蜂拥而至。就像明末清军入关，很多儒生都躲起来不肯出仕，康熙就开设"博学鸿儒科"，把那些德高望重的老儒生用轿子抬进京城，亲自出题，亲自主持考试，为的就是树立一个惜才的形象。

刘邦是个实用主义者，绝不会因为宠爱妃子和孩子，就随意更换太子。他之所以想换太子，并不是表面上看起来那么简单，更深层的原因有两个。第一个原因是打天下难，守天下更难，刘盈性格懦弱，没有雷霆手段，镇不住这些功勋和藩王。汉朝建立之后分封了很多藩王，这些藩王势力强大，刘邦自己都是拼尽了九牛二虎之力才镇住，何况刘盈？后来的事实证明，这些藩王确实不老实。第二个原因是，吕雉这个人实在太厉害了，就连韩信和彭越都败在她手上。汉朝建立后，她提拔了很多吕家人，比如去找张良的吕释之就是吕后哥哥。吕家人盘根错节，以刘盈这样的性格，恐怕难以压制。反观刘如意，母亲戚夫人只是个姿容艳丽，能歌善舞的"花瓶"，掀不起多大的风浪，刘如意即位后，政权还是能够牢牢掌握在刘家人手中。这些都是刘邦担心的。

商山四皓出现后，彻底打乱了刘邦的布局。他第一眼看到这四个老儒生，就知道太子已经羽翼丰满，不仅有功勋卓著的群臣支持，有吕家支持，还有民心支持。如果贸然更换，废长立幼，难免会引起内乱，历史上这样的事并不少见。赵武灵王就是先例。另一方面，自己都请不出的人，却心甘情愿地辅佐太子，这也能看出，太子是有能力守江山的。于是，刘邦只得妥协。

古人言："他山之石，可以攻玉。"别的山上的石头，可以用来雕琢玉器。对于刘盈来说，商山四皓就是"他山之石"。那些在外界看似普通、不起眼的资源，往往能够成为我们实现目标、解决问题的关键。

无论在生活还是职场中，有时候我们缺乏做事的勇气，是因为底气不足。古人说："借力者明，借智者宏，借势者成。"这时候，就要学会借力、借智、借势，利用外部力量来增强自己的力量，即使"狐假虎威"，有时候也能收到奇效。就像阿基米德所说："给我一个支点，我就能撬起整个地球。"

例如，一家新成立的科技创业公司通过与一家知名大企业合作，在合作项目中获得了小范围的品牌曝光。尽管实际合作规模不大，但创业公司通过精心设计的市场推广策略，放大了合作效应，给外界留下了与大品牌深度合作的印象。这种"狐假虎威"的策略，有效提高了创业公司在潜在客户和投资者中的信誉度和吸引力。

又比如，一个人想要提高自己在专业领域的知名度和影响力。他本身并不是该领域内的顶尖专家，但非常擅长组织和策划。于是，他开始通过社交媒体和行业论坛，定期组织与该领域相关的在线讲座和研讨会，邀请该领域内的知名专家和实践者作为嘉宾分享经验，在业内"混"出了知名度。

这都是借势，通过利用外部资源和力量来实现自己的目标。在这个过程中，要识别和抓住可以为自己带来优势的外部条件，然后通过策略性的行动将这些优势转化为实际的成果。无论是提高个人品牌形象，还是解决实际问题，借势的关键在于识别机会、有效利用资源以及灵活运用策略。这不仅需要深入理解所处的环境和背景，还需要具备一定的社交技巧和策略规划能力。通过借势，即使在资源有限的情况下，也可以实现目标，或者增加成功的可能性。

第二节

假舆马者，非利足也，而致千里
《荀子》——人际交往中要学会资源置换

穆彰阿

青年时期的曾国藩无权无势，家里也没有背景，还是个汉人，他是怎么"起飞"，在短短几年中成为天子近臣的呢？这还要从一个叫穆彰阿的人说起。

穆彰阿全名郭佳·穆彰阿，满洲镶蓝旗人，翰林院庶吉士出身，一直在官场摸爬滚打，做过礼部侍郎、刑部侍郎、工部侍郎，但一直郁郁不得志。穆彰阿的老师英和是道光皇帝身边的红人，历任军机大臣、户部尚书。当时漕运弊端连连，道光皇帝想要改漕运为海运，遭到群臣反对。这是国家的大政方针，道光帝无论如何都要推行。英和准确领会了皇帝的意思，上《筹漕运变通全局疏》，强烈要求推行新政策。

可是，政令下发之后，两江总督、漕运总督全都采取"非暴力不合作"原则，消极应对。这下可把道光帝气坏了。在皇帝面前，封疆大吏又如何？道光皇帝大手一挥，撤去了漕运总督的职务，穆彰阿上位，成了二品大员。

当年九月，穆彰阿亲自押送漕船，出海北上，到通州交卸后返回京城，第一次实验宣告成功。之后，他又以钦差大臣的身份在天津验收漕粮，根据考察的实际情况修改漕运章程。因为这个功劳，穆彰阿不仅被授为工部尚书，迈入一品大员行列，还受到了道光帝的特别关注和信任，不久后在军机大臣上行走，成了天子近臣。

军机处是清朝特有的部门，目的是架空宰相，总揽军政大权，将行政权集中到皇帝一人手上，实际上是国家的最高权力机关。军机处的官员称为军机大臣，由皇帝从大学士、尚书等大员中特旨召入，相当于皇帝的私人秘书。穆彰阿这个军机大臣，一当就是二十年。

穆彰阿在历史上争议很大，但有一点却是公认的："在位二十年，亦爱才，亦不大贪。"曾国藩考翰林时，穆彰阿正好是主考官，按照当时的说法，叫"座师"。那次考试，曾国藩名列二等第一。放榜之后，穆彰阿让曾国藩把诗赋拿来给他看。

俗话说："一日为师，终身为父。"晚清时期政治腐败，座师与考生之间的关系十分微妙，门生想要借助座师的势力捞取政治资本，座师也想通过提携后辈建立自己的人脉圈，输送利益，作为结党营私的工具。

座师选弟子时，最看重的就是才华和"眼色"，只要能把弟子提拔起来，自己自然也跟着沾光。穆彰阿看中的，就是曾国藩的才华。他表面上是让曾国藩送诗赋，潜台词却是"我看中你了，准备提拔你"。老话说"听话听音"，曾国藩敏锐地捕捉到了机会，立刻把诗赋誊写了一份，当天就来到穆彰阿府上拜访。

这次见面之后，穆彰阿对这位学生大加赞赏，在皇帝面前极力推崇。从此，曾国藩开启了"火箭飞升"之路，十年内连跳数级，成为晚清官场上的一个奇迹。

穆彰阿向皇帝推荐曾国藩的当天晚上，曾国藩就带着礼物登门感谢，表示自己是知恩图报的。之所以在晚上来，主要是为了避人口舌。在穆彰阿看来，曾国藩这样有才华、懂回报、有分寸的人，当然值得提拔。另外，对于交往分寸，曾国藩也把握得很好。除了公事，他很少和穆彰阿走动。所以，这位军机大臣后来"翻车"，曾国藩也没有受到牵连。

再到后来，道光皇帝驾崩，咸丰帝即位，穆彰阿被以"保位贪荣，妨贤病国"的名义革职，永不叙用，曾国藩当时正带着湘军四处"灭火"，后来却在进京时带着厚礼登门拜访。穆彰阿去世后家道中落，曾国藩也不遗余力地接济他的家人。

"谐星"东方朔

古人说："末路逢贵人，腹饥飞来食。"人这一生，遇到的人何止万千，但大多是匆匆过客，只有一面之缘。所谓的"贵人"，有时候甚至连多看一眼下位者都不愿意。道理很简单，对于身处下位的人来说，贵人能给自己提供帮助，但对于贵人来说，下位者却是一个索取者。

不可否认，如果你拥有一定的资源或者权势，你的人际会相对更融洽、顺畅一些。对于曾国藩来说，穆彰阿是贵人，得到了贵人相助，他的整个人生都迎来了转折点。对于穆彰阿来说，提携曾国藩就像买股票，看中的是曾国藩的潜力。当下的价格低，自己随手就能买，不费吹灰之力。更重要的是，曾国藩懂得回报，等这只股票涨起来，就能获得丰厚的回报。这样的买卖，怎么做都划算。更重要的是，穆彰阿投资的，不止这一只"股票"。

还有一种置换是情绪价值，也就是所谓的知己。比如鲍叔牙和管仲，伯牙和子期，伯桃与角哀，这些人都是平等地交换情绪价值，讲的是志同道合。另一种情况，是下位者能为上位者提供情绪价值，比如高俅与宋徽宗。宋徽宗爱踢球，高俅恰好是踢球高手，不像朝里那些"之乎者也"的大臣，能跟宋徽宗一起玩，让他开心，于是就获得了机会。

宋徽宗是昏君，爱玩，配高俅这样的"浑球"没问题，那明君呢？明君也有。比如汉武帝与东方朔。东方朔是个奇人，怪人。他饱读诗书，却不像那些老学究一样老气横秋，反而滑稽多智，风趣幽默，被评价为"滑稽之雄"。

当时，汉武帝征召天下有才能的人，让每个人写一封自荐信。全国各地的书简像雪片一样飞入宫中，汉武帝光是看这些自荐信就要两个多月。加上这些儒生写的大多是儒家经典，论理讲政的，十分枯燥，汉武帝看得很不耐烦。可是，一份书简却让他眼前一亮，上面是这么写的："我今年二十二，身高九尺三，目光炯炯有神，像南海的大珍珠；牙齿整整齐齐，像洁白的大贝壳。我勇猛如孟贲，敏捷如庆忌，廉俭如鲍叔，信义如尾生。像我这么优秀的人，应该能做天子的大臣吧！"

　　就是靠着这封自荐信，东方朔脱颖而出，做了公车令，掌宫南阙门。说直白点，就是看大门的。就像是孙猴子做了弼马温，这职位显然不能满足东方朔，还得想点办法。有一次，他故意吓唬给皇帝养马的几个侏儒说："皇上说了，你们这些人既不能种田，又不能打仗，更没有治国的才华，纯属浪费粮食，不如杀了，你们快去找皇上求情吧，再晚就来不及了。"几个侏儒吓了一跳，连滚带爬找到汉武帝，求他不要杀了自己。汉武帝一听愣了，一问才知道是东方朔假传圣旨，立刻召他来问罪。没想到，东方朔嬉皮笑脸地说："侏儒身高三尺，我身高九尺，却领一样的俸禄，这不得撑死他们，饿死我吗？皇上要是不想重用我，就干脆让我回家吧，我不想浪费京城的粮食。"汉武帝听后捧腹大笑，不仅没有生气，还给东方朔升了官。

　　从此之后，东方朔就成了汉武帝身边的"谐星"，插科打诨，让汉武帝非常开心。一次去甘泉宫，汉武帝在路上看到一只虫子，"头眼齿耳鼻尽具"，问了一圈周围的人，没一个认识的。汉武帝便叫来东方朔，东方朔一眼就看出了来历，回话道："此虫名怪哉。秦朝时经常关押无辜百姓，百姓们就仰天叹息：'怪哉！怪哉！'老天听到了，就降下这种虫子。这个地方应该是秦朝的监狱。"汉武帝让人一查，果然是，又问他怎么去除怪哉。东方朔回答："凡忧者，得酒而解，以酒灌之，当消。"汉武帝于是命人把虫子放在酒中，它果然消失了。这是《太平广记》中记载的一个小故事。

　　从这几件事可以看出，对汉武帝来说，东方朔就是用来"逗乐"的，可以为自己提供情绪价值。但对于东方朔来说，汉武帝却是天下第一等贵人，他可以帮助自己实现宏图大志。

欧阳修与苏轼

还有一种情况，是贵人在你身上看到了年轻时的自己，产生了共情心理，想要扶一把。

这种情况通常是一位经历丰富、成就斐然的前辈在年轻人身上看到了自己年轻时的影子，引起共情心理，想要帮助这个年轻人。通过对年轻人的指导和帮助，不仅能够传承自己的经验和智慧，也在某种程度上重温了自己年轻时的奋斗历程。

比如欧阳修与苏轼。当年欧阳修在文坛颇有地位，苏轼考进士那年，他正好是主考官。后来，苏轼金榜题名，写了一封信感谢欧阳修。欧阳修拿着信给梅尧臣看，感叹道："读轼书，不觉汗出，快哉，快哉！老夫当避路，放他出一头地。"又有一天，欧阳修和儿子一起论文，说到苏轼时，欧阳修说："汝记吾言，再过三十年后，世上人无人道著我也！"这之后，欧阳修对苏轼的提拔可谓不遗余力，逢人就夸苏轼，到处给这位新晋后辈卖力宣传，让这个年轻人在京城文坛声名鹊起。

这种基于共情的帮扶关系，往往能够极大地激发年轻人的潜能，帮助他们在职业道路上更快地成长。同时，对于贵人来说，这种关系也有着特殊的意义。他们不仅看到了年轻人的成长和成才，也感受到了自己对后辈的正面影响，这种影响力往往会给他们带来满足感和成就感。也就是马斯洛所说的"自我成就"的需要，这是物质之上的更高层面的精神追求，也是最难实现的。毕竟，对于不缺钱也不缺社会地位的人来说，想要再进一步，难上加难。一个农民想的是老婆孩子热炕头，一日三餐能吃饱，要是偶尔能有点肉就更完美了；而一个皇帝想的是青史留名。哪个更难实现呢？

无论是以上说的哪种情况，想要得到贵人的帮助，首先要想一想，自己有没有值得贵人相助的资本。要么有足够的实力让贵人看到你的潜力，要么能够为贵人提供他们所需要的情感支持或精神价值。所以，充实自己，认真生活，让自己具备足够的条件和素质才是最重要的。

第三节

遇事无难易，而勇于敢为

《尹师鲁墓志铭》——酒香也怕巷子深

推销自己

我有个亲戚，是个能力很强的人。早年白手起家，在北京做食品生意。一次喝酒时他跟我讲，当年全国的车并没有像现在这么多，但北京实在太大了，他们厂又在郊外，每次送货时总要走上几十公里。一开始，大家都用三轮板车，一出去就得一整天。后来，他在三轮车上装了个马达，就跟现在的电动车一样，大家纷纷效仿，送货的效率提升了好几倍。

我问他："你出门早，赚钱也早，脑子又灵活，后来怎么不做了？"他叹了口气，把杯子里的牛栏山一饮而尽，脸涨得通红，撸起袖管对我说："不是我吹，当年我要是拉得下这张脸，现在某某某在我面前算个屁。"他说的某某某是我们老家很有名的一位富商。这位亲戚说，当时产品出问题，摊上事了。他正好认识一个很有"排面"的朋友，能把这件事摆平，可他不好意思去求人家，赔了一大笔钱，再想做生意就难了。

我问他："这事你觉得值吗？"他打了个酒嗝，拍着胸脯说："我这人就是这性格，这辈子没求过任何人。只要我不求他，他在我面前就连个屁都不是。"我承认，这位亲戚很有陶潜"不为五斗米折腰"的风范，洁身自好也不失为一种人生选择。

但现实中，很多人却过得很"拧巴"。一方面憧憬着财富自由，给自己和家人带来比较好的物质生活，另一方面又自命清高，不肯"摧眉折腰事权贵"，在欲望与现实的矛盾中来回挣扎、撕扯，痛不欲生。《天道》中有一段话很有意思："这个世界上，到处都是有才华的穷人，他们才高八斗、学富五车，最后却穷困潦倒、一事无成。但是许多并没有什么才华的人，却能功成名就、春风得意！人与人最大的区别，不是出身，不是学历，不是金钱和权力，而是一种思维方式。"

很多人心中有一个理想化的自我形象，希望自己既能独立自主，不受他人左右，又能在社会上取得成功和认可。但现实社会是复杂的，往往需要在自我价值观和社会规则之间找到平衡点。

首先，在人际交往中求助他人并非示弱或屈服，而是智慧和能力的一部分。社会是由人组成的网络，每个人都有自己的资源和优势。通过融合的人际交往，我们可以更好地利用社会资源，实现个人目标。适当求助，展现出了一种对自我和他人的尊重，也是解决问题的一种积极方式。

其次，"不为五斗米折腰"的坚持和"摧眉折腰事权贵"的抵触心理，反映的是个体对于自尊和价值的追求。这种追求本身没有错，但关键在于如何定义"折腰"。如果是放弃自我原则和价值观去讨好他人，那的确是一种失去自我价值的表现。但如果是基于平等互利的基础上与他人合作，寻求帮助，那么这种"折腰"其实是对自己和他人的尊重，是实现目标的一种方式。

有些人之所以很难翻身，不是因为没有能力，而是因为没有资源，没有平台，没有人脉，没有机会，而这些恰恰就是贵人能够提供的。想要得到贵人的帮助，首先要让别人看到自己，这就要敢于推销自己。

中国有句古话，叫"酒香不怕巷子深"。意思是，如果酒的香气足够浓郁，即使是藏在深巷里，也会吸引人们前来寻找。常用来比喻优秀的人才或高质量的产品，即便不处在显眼的位置，也会因为其本身的价值和吸引力，被人们发现和认可。然而，现实情况是，"酒香也怕巷子深"。在信息爆炸、竞争激烈的现代社会，即便有不世才华，少了广泛的宣传和推广，也很容易被埋没在茫茫人海之中，难以被目标群体发现。

一人可抵百万师

春秋战国时有一类特殊群体，被称为"士人"。"士"最初指的是周朝贵族体系中具有一定的文化修养和军事才能的职位较低的贵族。到了春秋战国时期，随着社会变革，这个阶层的含义和构成出现了变化，开始指向一群有文化、有教养、能读能写，并且具备一定武艺的人，他们大多数不再是传统意义上的贵族，而是通过个人努力获取知识和技能的自由人士。士人生活方式多样，有的仕于王侯贵族之家，为国家效力；有的选择隐居山林，追求道德修养和精神自由；还有的四处游历，寻访名师，不断学习新知识。

这个时期，各诸侯国养士成风。简单来说，就是不仅包吃包住，还按时发放工资，把士人养在自己府上，美其名曰门客。这样做，一方面是把士人作为储备人才使用，另一方面也是为了增强国家"软实力"。

各诸侯国中，养士最出名的是"战国四公子"，即孟尝君田文、平原君赵胜、信陵君魏无忌与春申君黄歇，这几个人手下都养了上千名士人。对于贵族们来说，士人是储备力量，是自己的脸面；对于士人来说，贵族们是自己出将入相，完成阶级跃迁的贵人。可是，这么多门客，想要出头，难度实在是太大了。

拿赵国的平原君来说，他是赵武灵王之子，赵惠文王之弟，府中有三千门客，对于这些人，平原君非常重视。平原君有座高楼，楼下住着个瘸子，走起路来一瘸一拐。平原君的一位爱妾住在楼上，一次看到瘸子打水，乐得哈哈大笑。第二天，瘸子找上门来，要平原君杀了那位爱妾。平原君表面应了下来，瘸子走后，却笑着对左右说："真是好笑，竟然因为这么件小事就让我杀了爱妾。"

过了一段时间，平原君府上的门客纷纷离开，转眼走了一半。平原君十分奇怪，问人说："我对这些门客，平时没有失礼的地方，他们为什么要走呢？"那人说："因为你没有杀了取笑瘸子的爱妾，大家都认为你重色轻义。"平原君这才恍然大悟，当下就斩了那位爱妾，亲自道歉，这才把名声挽救了回来。

俗话说："养兵千日，用兵一时。"门客们平时白吃白住，真有了事也得卖命。这不，秦国大军围攻邯郸，赵王派平原君去楚国商量订立合纵盟约，联合抗秦的大事。平原君准备挑二十个门客一起前去，可挑来挑去，最后只找了十九个，没办法凑足二十人。

这时，一个毫不起眼的门客站了出来，对平原君说："我听说您需要二十个人，还差一个，我跟你们一起去怎么样？"平原君一看，对这个人一点印象也没有，于是问他："你来多久了？"那人说："整整三年。"平原君又说："人的才华就像口袋里装着的锥子一样，藏也藏不住。你已经来了三年了，我怎么从没有听说过？"那人回答："你现在把我放进口袋不就知道了吗？"平原君于是答应了下来。其余门客见那人不自量力，纷纷嘲笑。

不久，平原君带着门客们来到楚国，从早上一直谈到中午，楚王仍然不为所动。这时，其余门客都鼓动那人登堂，想看他笑话。只见他紧握腰间佩剑，小跑着登上台阶，一路进入大殿。楚王大怒，喝问道："你是做什么的，谁让你进来的！"

面对盛怒的楚王，那人不惊反怒，握紧剑柄逼近楚王，盯着他说："你敢这样呵斥我，不过是仗着楚国兵多将广。现在我们的距离只有十步，我随时可以要了你的命，你的兵将有什么用呢？"楚王吓了一跳，连连摆手。那人又说："当年商汤只有方圆七十里土地，周武王的领地也不过百里大小，却能够搅动天下，而你呢？领土千里，雄兵百万，却没有争霸天下的雄心，反而在秦国面前一再退让。白起不过是个毛孩子，却能一战攻克郢都，二战烧毁了夷陵，三战便使大王的先祖受到极大凌辱，这是百年不解之仇，连我们赵王都感到羞愧，再看看你。告诉你，合纵盟约是为了楚国，不是为了赵国。"

楚王听得既害怕又羞愧，当下就满口答应下来。那人又走近一步逼问："你确定了吗？"楚王慌忙答"是"。那人还是不肯罢休，命令左右准备血，要求楚王当场歃血为盟。

就这样，这位毫不起眼的门客，凭借三寸不烂之舌，促使楚王达成盟约，解了邯郸之围，也完成了自己的"草根逆袭"。这个人其实就是毛遂，这个典故也是成语"毛遂自荐"的出处。

审时度势

在当时的社会背景下，门客之间的竞争异常激烈，要想从众多士人中脱颖而出，除了要有深厚的文化素养和武艺技能，还必须具备独到的见解和处理事情的能力。毛遂之所以能够成功，正是因为他敢于自荐，敢于展现自己的才华，敢于面对强大的对手，展现不凡的胆识和智慧。

毛遂在平原君手下三年，为什么一直不肯自荐呢？因为他知道，想让这位贵人记住自己，重用自己，必须在最合适的时机，最恰当的关口跳出来。

这种策略反映出了毛遂高超的智慧和对时机精准的把握。在诸侯国的门客系统中，虽然众多士人都希望展现自己的才华，获得贵人的赏识，但盲目地自荐往往会适得其反，不仅可能被视为轻狂，还可能错失真正展现才华的机会。

　　毛遂之所以等待三年，是因为他在观察和分析，寻找一个能够充分展现自己能力和价值的最佳时机。他知道，只有在国家危急、贵人需要时站出来，自己的才华和勇气才能得到最好的展现，也更容易获得平原君的认可和重用。

　　无论在什么领域，成功往往不仅仅依靠才华和勤奋，还需要智慧和对时机的精准把握。只有当机立断，勇于在关键时刻展现自己，才能够真正抓住机会，实现自己的价值和目标。

　　另外，毛遂自荐也不是阿谀奉承，而是与平原君平等合作，用自己的实力赢得对方的尊重。这个道理其实也很简单，一个人地位越高，身边阿谀奉承的人就会越多。如果毛遂只知道趋炎附势，曲意逢迎，在平原君眼里，只是另一个"小丑"罢了。他不仅不会得到重用，还会受到轻视，很可能再也没有机会了。

　　在当代社会，这一原则同样适用。真正的尊重和信任来自个人的能力、品质以及贡献，而非表面的奉承和巴结。在职场或其他合作场景中，只有展现自己的专业能力和独立思考能力，在团队中做出实际的贡献，才能建立长久且稳固的合作关系。

　　还有最重要的一点，毛遂敢自荐，是因为他已经提前在心里想好了策略，谋划好了达成联盟的方式，一套"操作"行云流水，根本没有给楚王思考的机会。老话说："没有金刚钻，别揽瓷器活。"自荐这件事，如果没有十足的把握，很容易闹笑话，失去对方的信任。与其如此，不如等待下一次机会。

欧阳修在《尹师鲁墓志铭》中说："遇事无难易，而勇于敢为。"想要得到帮助，建立自己的人脉，就要放下无名、羞怯、尴尬、面子等包袱，看准时机，把自己推销出去，让那些贵人看到你的才华和胆识，借助别人的平台和资源，实现自己的目标。

第四节

先敬罗衣后敬人

古代俗语——学会包装自己

如此包装

秦朝时发生了一件怪事，后来被记录到正史中。当时有个叫刘媪的妇女，一天出门走累了，就躺在堤坝边上休息，不知不觉睡了过去。不一会儿，上一秒还万里无云的天空忽然电闪雷鸣，风雨大作。然而刘媪却像是失去了知觉一样，丝毫感受不到外界的变化，依然酣睡。

家里的丈夫等得着急，怕妻子遭遇意外，便火急火燎地赶了过来，好不容易找到妻子时，眼前的景象却让他大惊失色。只见一条蛟龙盘在妻子身上，正在行苟且之事。而那妇女之所以无法醒来，也是因为梦到自己与神灵交合。回家之后，这位妇女竟然有了身孕，生下一个孩子。

这是《史记·高祖本纪》中记载的一个故事，故事里的妇女叫刘媪，丈夫叫刘太公，生下的孩子就是汉朝开国皇帝刘邦。

你可能会问，《史记》作为正史，怎么会记载这么荒唐，一眼看上去就是假的故事呢？其实这也不算什么，其他正史中类似的记载还有很多。

汉文帝刘恒是薄夫人"昨暮梦龙据妾胸"生下的；晋元帝司马睿出生时，"有神光之异，一室尽明"；陈宣帝陈顼出生时"赤光满堂室"；唐高祖李渊出生时"紫气充庭"；唐太宗李世民出生时"有二龙戏于馆门之外，三日而去"……这种关于皇帝出生的异象，在史书中数不胜数。皇帝们为什么要这么做，难道他们真的没有常识，老百姓就真信这等鬼话吗？还别说，还真信。现代人的价值观诞生在现代社会的思潮之下，看历史可以对比，却不能代入。想象一下，你生活在古代，是一个面朝黄土背朝天的农民，家里别说书，三代人连支笔都没买过，你获取信息的唯一渠道，就是每年庙会、集市和偶尔下乡的官府差役。你不知道天上为什么打雷，为什么发洪水，为什么有地震，你只知道这些对你的生存都是巨大的威胁。于是，他们会告诉你，这是老天爷生气了，当今圣上就是老天爷的儿子，不然他怎么能统治这么大的地方，这么多人呢？你们只要乖乖听话，老天爷就会保佑你们的。最后，经过一次次的"洗脑"加之对生存压力的恐惧，你逐渐相信了。在这种情况下，皇帝出生的异象、祥瑞之兆等故事，不仅被视为神的旨意，也是皇权合法性的重要象征。

古代社会普遍信仰天命观念，认为皇帝是天选之人，有着超越常人的特殊身份和使命。因此，通过宣扬皇帝出生或即位时出现的各种异象和奇迹，可以加强人民对皇帝神性的认同，巩固其统治地位。这些故事被编入正史或民间传说中，随着时间的流逝，成为一种权力和宗教的结合体，加深了人民对皇帝及其政权的崇拜和忠诚。

在信息闭塞、文盲占绝大多数的古代社会中，民众普遍缺乏对权力来源和合法性的系统性理解，他们更容易通过神话、传说等形式来解释和接受权力的合法性。因此，通过制造神话故事或宣扬神秘的异象来为自己的起义或统治涂上一层神圣的色彩，成为古代政治领袖常用的手段。这种做法不仅能够增强他们的权威，还能在民众心中树立起几乎无法动摇的崇敬和忠诚。

老百姓不仅认为皇帝是龙，是神，是天命之人，还会认为只有这些人才能当皇帝。比如，刘邦起义时，怕人家不跟他一起造反，就编了个故事。他说自己在山上斩了一条蛇，遇到一个哭泣的老妇人，那妇人对他说："那条蛇是我儿子白帝，被赤帝之子斩了，所以哭泣。"赤帝就是炎帝。陈胜吴广起义时，为了让大家服从，就提前在鱼肚子里藏了写了"陈胜王"三个字的红绸，甚至吴广还半夜假装狐狸嚎叫。

这些"包装"，都是为了表明自己是"天命所归"，强化自己的政治合法性和取得民众的信任。

包装自己

不少人相信成功学大师，就像古人相信皇帝是真龙天子一样，都是出于对某种权威或神秘力量的追求和信仰。在信息爆炸、科技发达的今天，人们依然会被看似闪光的理论或人物所吸引，希望寻求一条快速成功或实现梦想的捷径。这种心理，无论是在古代还是现代，其实都是相通的。

古人通过神化皇帝，赋予他超乎常人的地位和权力，从而维护社会秩序和统治稳定。现代不少人则追随成功学大师，期望能够获得成功的秘诀，快速实现个人的价值和目标。无论是对皇帝的盲目崇拜，还是对成功学大师的迷信，本质上都是人们对于权威的追求和对未知的向往。

但是，我们的目的不仅仅是批判，而是借鉴他们对于人性的洞察与利用。就像刀本身没有错，错的是用刀的人是在行善还是作恶。

包装自己并不是弄虚作假，而是一种合理的策略。其并不是要我们失去真实性，而是在于如何更好地展现自己的优点，使自己的价值和能力得到别人的认可和尊重。这种包装，基于自身的真实素质和能力，并不是虚假夸大，而是一种有效的自我推广和表达。

我们本身虽然不是商品，但我们的技能、时间、知识、能力以及我们提供的服务在某种程度上是需要在社会中"出售"的，而合理的包装就是为了更好地"出售"这些"产品"。这并不意味着我们要改变自己的本质，而是要更有效地展示自己的价值，得到他人的了解和认可。

美国经济学家索斯坦·凡勃伦（Thorstein Veblen）曾提出过一个经济理论（被称为凡勃伦效应），即在某些情况下，商品的价格越高，其需求量反而会增加，因为购买高价位的产品成为一种展示财富和社会地位的手段。

凡勃伦效应在奢侈品市场尤为明显。例如，名牌手表、名车、高端时尚品牌等，这些产品往往以高昂的价格销售，而消费者对这些商品的追求，很大程度上是因为他们觉得这些商品能够提升自己的社会地位，展现自己的经济实力。

如果我们把自己的资源定义为"商品"，那么凡勃伦效应在个人品牌建设和职业发展中也同样适用。就像高价位的奢侈品能够吸引特定消费群体，个人如果能够有效地展示自己的独特价值和稀缺资源，同样能够吸引更多的机会，获取更好的社会地位。

包装自己，可以从四个方面入手，首先是形象。千万不要觉得外在形象不重要，在社交场中讲究"先敬罗衣后敬人"，因此选择适合自己风格与身份、整洁得体的着装，并保持端正的姿态和自信亲切的表情，以契合个人品牌形象格外重要。

其次是谈吐。提升语言表达能力，确保话语清晰、有逻辑。避免使用行话或过于专业的术语，除非是在专业性强的特定场合。另外，通过有效的倾听，也可以更好地理解他人，构建良好的人际关系。

第三是个人能力。展示个人的专业技能和知识背景，能够显著提升个人品牌的可信度。无论是在工作中还是社交场合，拥有扎实的专业基础和解决问题的能力，都会让你脱颖而出。不断学习新技能，更新知识体系，不仅有助于提高自我价值，还能增强自信心。在适当的时候分享你的见解和经验，但要注意方式方法，避免给人炫耀之感。

最后是头衔。头衔也是比较能"唬人"的东西，尤其是在职场上。比如理发店中，以前都叫理发师，最多起个 Tony 之类的英文名。现在的理发店，不知道的还以为进了什么艺术公司。有总监，还有高级总监，资深总监，造型艺术总监，头衔不同，价格也水涨船高，甚至能达到几百块。

这就是头衔的作用。合适的头衔不仅能反映你的专业水平，还能增加别人对你的信任感和期待值。。

在职场和社交场合中，李总大概率会比小李更容易受到关注，得到资源。除此之外，还有什么"中国某某协会""世界某某学会"之类的组织，门槛不高，名气不大，但行外人还真不知道。举个例子来说，有两家培训班，一家是某地美术协会会员开办的，另一家没有任何头衔，你会给孩子选哪家呢？苏秦一开始游说各国，根本没人理他，后来在燕国得了车马金帛，成为"燕王特使"，就开始顺风顺水，也是"包装"的使然。

人为什么容易被"包装"吸引？这个道理其实很简单。人们天生倾向于尊重和信赖权威或看起来具有权威的人。这种心理根源于社会进化过程中对知识和经验的自然尊敬，因为这些特质往往与生存和成功相关。头衔、称号或职位通常被视作个人能力、成就或专业知识的外部标识，使得人们倾向于信任和遵循这些看似权威的指示和建议。

从经济学角度看，头衔可以作为个人能力和资质的信号，向市场和社会传达信息。在信息不对称的环境中，优秀的个体需要某种方式来突出自己，头衔和称号提供了一种有效的信号机制。因此，消费者或其他社会成员往往会根据这些信号做出选择和判断。

在缺少足够信息的情况下，人们常常不能准确地辨识他人的能力。所以，大胆去包装自己，不要害怕被人识破，不要羞于展示自己，不要担心被人指指点点。利用"包装"去找机会，找所有能提升自己的机会，只有这样，我们才能在激烈的竞争中获得赏识。

第五节

道不同，不相为谋
《论语》——拒绝无效社交

所谓"圈子"

你身边有没有这样的人，他们的口头禅是："我认识某某某。""我跟某某某吃过饭。""某某某是我哥们儿。"这些"某某某"，基本上都是"大人物"或当地有钱有势的人。我就认识一个这类人。

这个人是在一个写作交流群认识的，网名叫"宁静致远"，年纪三十来岁。他好像不用上班，也没有固定工作，而且不会屏蔽群消息。每次有人在群里提问时，他总能第一时间跳出来。譬如，有人问："有没有大佬知道版权合同怎么签？"他一定第一个出来回答问题："上次跟一个导演吃饭时，他跟我说……"有人问："有没有大佬写过公文？"他还是会跳出来回答："我有个朋友在市政府做秘书，上次跟他喝酒时……"

总之，没有他不懂的，也没有哪个"圈子"是他没有人脉的。但真正有需要，找他帮忙时就会发现，那些所谓的"朋友"，根本连正眼都不愿意看他。这种人，热衷于"混圈子"，展示自己广泛的人脉和社交能力，背后其实反映了对认同感和归属感的强烈需求。在他们看来，认识并与所谓的"大人物"建立联系，似乎是能力和社会地位的证明。他们通过不断提及自己与这些人的关系这样的方式，试图在社交圈中建立起一种特定的形象，希望借此获得他人的尊重和羡慕。

然而，这种社交策略往往只能在表面上建立起一种虚假的光环。因为他们忘了，真正的社交是资源置换，而自己对人家没有任何有用的价值。套用一句流行语：融不进的圈子不要硬融，难为别人，委屈自己。

1983 年，根据张天翼同名小说改编的电影《包氏父子》在国内上映，直到现在仍然热度不减，因为它讲述了一个非常深刻的道理。影片讲的是一对父子的故事。父亲老包忠厚善良，性格懦弱，在秦府当了三十年下人，将所有希望都寄托在儿子小包身上。

为了让儿子出人头地，老包四处借钱，把小包送到了贵族学校。可是，小包到学校之后，看到阔少们西装革履，抹着昂贵的头油。为了让人看得起，小包逐渐开始爱慕虚荣，模仿阔少的一举一动，要求老包无论如何也要买一盒"司丹康"头油。打听了价格之后，老包万般无奈，只得偷了少东家的头油。阔少们为了捉弄同学，把小包当枪使，让他在街上拦截女同学。最后，小包被学校开除，老包欠了一屁股债，望子成龙的梦想也彻底化为泡影。

对于阔少来说，西装和头油只是日常消费品；对于包氏父子来说，却是一座无法逾越的高山。小包拼尽全力想要融入富人的圈子，最后却成了人家的"玩物"。

圈子，作为一个具有特定共同特征和兴趣的社交群体，往往对其成员产生重要影响，包括行为规范、价值观念，甚至是生活方式的选择。小包试图融入的"富人圈子"，其实是一个典型的以物质消费为标志的社交圈。这个圈子对外在形象、品牌和消费水平有着明确的要求和认同标准，这些标准成为圈子成员身份的象征。对于小包这样来自不同背景，试图进入该圈子的个体而言，他认为模仿这些外在标志是获得认同和尊重的途径。

然而，圈子文化的一个核心特征是它的封闭性和排他性。圈子通过一系列隐性和显性的规则维护其边界和纯度，对那些不符合其标准或无法理解其文化内涵的外来者持排斥态度。圈子文化的封闭性和排他性不仅体现在社会精英或特定兴趣小组中，也普遍存在于日常生活的各种社交群体中。

自己无法融入的圈子，想办法"硬融"，是一种典型的无效社交。

道不同，不相为谋

我在网上发现了一个很有意思的现象，一直无法理解。有一类直播小游戏，大致内容是一片种满香菜的草皮，左右两边各有一群人。左边这群人要把草皮卷起来，因为他们不喜欢吃香菜；右边这群人要阻止对方，因为他们喜欢吃香菜。有人就喜欢玩这么简单的游戏，能玩一整个下午。

对于香菜，我个人谈不上喜欢，但也绝对不排斥。这类现象还有很多，比如甜粽子和咸粽子之争，百事可乐与可口可乐之争，甜豆腐脑和咸豆腐脑之争，诸如此类。在很长一段时间中，我都无法理解，直到我吃到咸肉粽那天。

我是北方人，从小到大吃的都是甜粽子。有一天一个朋友给我寄了整整一箱他们那边的特产嘉兴肉粽，据说很有名，还是非物质文化遗产，很多名人都夸过。我早也盼，晚也盼，流着哈喇子，没事就拿出手机查快递信息，满心期待着这份惊喜。可是，当我真正吃到的那一刻，一股生理不适直接涌遍全身，全身所有毛孔仿佛都在呐喊："吐出去，快吐出去。"

这种不适怎么形容呢？就像是盛夏午后，你满心期待地打开冰箱，拿出冰镇的西瓜咬下去，却发现味道是臭的；就像在一个重要的日子里，期待已久的礼物盒终于到手，满心欢喜地打开，却发现里面是一点烂菜叶；就像醋是甜的，糖是苦的，盐是酸的。总之，就是全身上下每一个细胞都在抗拒的生理不适。

我这才知道，原来这些"战争"都事出有因。食物尚且如此，何况是三观不同的两个人呢？西门庆和武松绝不可能成为朋友，哈利·波特和伏地魔不可能坐在一起上课，甘道夫和索伦也绝不会分享魔戒。这就是孔夫子所说的："道不同，不相为谋。"

孔子在这里讲述的"道"，指的是人的价值观、信念、道德标准和生活原则。如果两个人的价值观、信仰和道德观不一致，那么他们很难在一起合作、相处。这句话之所以深刻，在于它强调了共同价值观和信念在人际关系中的重要性。人们通常倾向于与那些持有相似观念和价值观的人建立更深层次的联系，这样可以减少冲突，增加相互理解和支持的可能性。

反之，当人们在这些根本性的问题上持有截然不同的观点时，合作就变得复杂而艰难。因为价值观的差异会导致对事物的不同解读、不同的处理方式和决策偏好，从而引起误解、矛盾和冲突。

孔子周游列国为什么处处碰壁？因为他主张以礼治国，而诸侯们只想要扩张，成为天下霸主，道德无法为战争服务。

不要尝试去说服一个三观不合、观念不同的人，他只会觉得你聒噪。世界上最难的事，就是把你的思想装进别人的脑袋。从心理学的角度来讲，人们倾向于寻找、解释和记忆那些能够确认自己已有信念的信息，而忽略或贬低与自己观点不一致的信息。这种偏误使得人即使在面对反对，甚至有确凿的证据反对时，也不会改变自己的观点。就像瑞士心理学家荣格对学生说的："你连想改变别人的念头都不要有。你要永远相信，每个人都是自己的拯救者。"

所以，和三观不合的人"强融"，也是一种无效社交。

酒肉朋友

酒肉朋友在中国的文化语境中，含有贬义的，与狐群狗党相近。更有意思的是，"酒肉朋友"出自关汉卿的《单刀会》："关云长是我酒肉朋友，我交他两只手送与你那荆州来。"另一个成语"狐群狗党"出自尚仲贤语《气英布》："咱若不是扶刘锄项，逐着那狐群狗党，兀良怎显得咱这黥面当王。"

酒肉朋友是什么呢？就是那些整天在一起吃吃喝喝，不仅不干正事，有时候还会把你往歪门邪道上引的，所谓的"朋友"。

这些酒肉朋友，通常只在你风光、有权势时围绕在你周围，他们享受的是你给他们带来的好处，而非真正意义上的友情。这种基于物质利益而建立的关系，缺乏深厚的情感基础和互相支持，在关键时刻很难指望他们为你挺身而出。相反，当你遇到困难、落魄时，这些所谓的朋友很可能会迅速作鸟兽散，甚至变成旁观者或幸灾乐祸的人。

酒肉朋友大致上有三种。

第一种酒肉朋友：利益面前积极参与，需要帮助时却无影无踪。这种人总是在享受好处时出现，在你遇到困难、需要支持时，却找不到人影。他们是典型的"晴天朋友"，乐于参加酒局饭局，但在需要伸出援手或提供支持时却消失不见。

第二种酒肉朋友：表面上为兄弟姐妹，背地里却出卖你换取利益。这种人面对面时总是笑脸相迎，和你称兄道弟，但实际上却两面三刀，在背后做出背叛你的事情，利用你的信任为自己谋取利益。

第三种酒肉朋友：口头上频频承诺，实际行动却寥寥无几。这种人总是满口答应你的请求，似乎对你非常支持，但当你真正需要他们采取行动时，他们却总是以各种理由推托，从不见实际行动。

和这些酒肉朋友来往也是典型的无效社交。

英国诗人约翰·多恩在《没有人是一座孤岛》中写道："没有人是一

座孤岛，可以自全。每个人都是大陆的一片，整体的一部分。如果海水冲掉一块，欧洲就减小一块，如同一个海岬失掉一角，如同你或你朋友的领地失掉一块。"

我们每个人都在寻找归属感和认同感，渴望建立起真正有意义的人际关系。然而，无效社交如同一座迷宫，让我们在虚假的光环和表面的友好中迷失方向，我们耗费大量宝贵的时间和精力，却收获甚少。从"酒肉朋友"的虚假友谊，到为了融入而不惜一切代价的社交尝试，再到那些满嘴跑火车，实则毫无价值的夸夸其谈，莫不如是。沉迷其中，空耗心力，既无法获得情绪价值，也无法获得交换价值。

远离那些消耗你的无效社交，让人生来一次彻底的"社交断舍离"，把浪费掉的时间重新捡起来，或许生活会更加美好。

第六节

巧诈不如拙诚

《韩非子》——说得漂亮不如做得漂亮

套路不得人心

我曾跟朋友合开过一家公司，现在已经倒闭了。这位朋友，我们称他为诸葛二，因为他总以为自己是诸葛亮再世，还特意买了"羽扇纶巾"，还时不时跪坐在矮桌前，Cosplay（模仿）一把诸葛孔明。

诸葛二特别喜欢阴谋，常常"设计"。用他的话说："你要知道，人性就是用来利用的。"不过，他的计谋很多时候都停留在小学生水平。刚刚合作，公司还没有盈利时，法定代表人是我，他跟我说："法定代表人要承担责任，不保险。"我虽然不明白传媒公司的法定代表人需要承担多大的风险，但还是同意换成他亲戚。

后来公司慢慢有了起色，招了几个员工，诸葛二的锦囊妙计就更多了。当时有个员工很懒，不求上进，只混底薪。诸葛二问我："你知道怎么能让员工拼命干活吗？"我摇头。诸葛二说："带他去看看花花世界。"有一天晚上，诸葛二就带着那位员工去消费了两千多元，还问他："下次还想来吗？"员工小鸡啄食一般点头，诸葛二满意大笑。这次的花销，自然是员工埋单（从工资里慢慢扣完了）。后来，那位员工不仅没有上进，还整日茶饭不思，更没有心思工作了。

还有一次，他神秘兮兮地跟我说："我想了一个好办法，可以少发工资。"我问他怎么做，他说："咱们把基本工资分成底薪工资，全勤，绩效，补贴。"我说："这套路不是早就有了吗？"诸葛二说："还不够，还得继续压低底薪工资，这样一个月能少发好多钱。"我是技术参股，没有决策权，又说服不了他，只得由他去了。

没过多久，员工一个个全都离职了，公司也倒闭了。诸葛二的这些"套路"，其实一眼就能被看穿，只有他自己乐此不疲，把"挖坑"当乐趣。只能说，他其实是个很"单纯"的人，或者说水平不高，根本不懂真正的"套路"。

生活中其实有很多这样的人，他们总以为自己比别人聪明，总以为自己心里的"小九九"别人看不破。但事实上人家一眼就能看破，只是大家"看破不说破"而已。

真正的"套路"是什么样的呢？是"二桃杀三士"，是"一计害三贤"，是"齐纨鲁缟"，是"推恩令"，是"公叔痤连环间吴起"。这些毒计有的是阴谋，有的是阳谋，就算你看穿了，说破了，也绕不开人性这道坎，不得不按照人家的设计去做。

巧诈不如拙诚

《韩非子》中说："巧诈不如拙诚。乐羊以有功见疑，秦西巴以有罪益信。"意思是巧妙的奸诈不如质朴的诚实，更不用说"愚蠢"的狡诈。乐羊有功而被猜疑，秦西巴却因为有罪而得到信任，就是这个道理。

乐羊是战国时期宋国人，在魏国担任大将，带兵攻打中山国。由于敌强我弱，乐羊迟迟没有进攻。消息传回之后，朝野大哗，纷纷指责乐羊通敌。此前，乐羊之子乐舒杀人后逃往中山国。魏国大军压境，中山国国君便杀死乐舒，做成肉羹送进魏国军营。乐羊为表忠心，竟然把肉羹全吃完了。

魏文侯感慨地对堵师赞说："乐羊为了我们魏国，居然把儿子的肉都吃了。"堵师赞却说："这样的人，连自己儿子的肉都敢吃，还有谁的不敢吃？"之后，乐羊大败中山国，论功行赏时，魏文侯却让书吏搬来两箱书信，都是群臣弹劾的奏章。乐羊看后大惊失色，连忙跪地说："攻下中山国不是我的功劳，全是您的。"

秦西巴是鲁国贵族孟孙的随从。一次，他跟着孟孙出门打猎，孟孙猎到一头幼鹿，让他拿回去烹了。然而，母鹿紧随其后，不断发出哀鸣。秦西巴于心不忍，就放了幼鹿。回去之后，孟孙找他要鹿，秦西巴只得说："小鹿的妈妈一直跟在后面叫，我实在不忍心，就把它放归了。"孟孙大怒，把他赶走了。一年之后，孟孙却又让他回来担任自己儿子的老师。左右侍从问："秦西巴有罪，为什么您让他做老师呢？"孟孙说："他连一只小鹿都不忍心伤害，何况是人呢？"

真诚是永远的"必杀技"，乐羊与秦西巴就是很好的说明。乐羊为了打胜仗，连自己的儿子都敢吃，看似忠诚，但是在魏文侯眼中，却成了人格的污点。秦西巴看似放走了小鹿，却在孟孙心中留下了仁慈的印象，为日后翻身做好了铺垫。

其实，人生也是如此，尤其是对于年轻人来说，人情往来有太多规则，根本不是三两天就能够熟悉的。初入社会时，"将头发梳成大人模样"，有些人想要表现出成熟与干练的样子，想要学会人情世故，学会阿谀奉承，通过"弯道超车"走上捷径。想要在酒桌上说一段漂亮话，以此得到领导的赏识。想要学会"胸有城府之深，心有山川之险"，获得一句少年老成的评价。但却处处显出笨拙，时时透着滑稽，像一个穿着大人衣服的孩子。

如果实在不会"巧诈"，学不会圆滑，那就不要模仿，不如用"拙诚"来打动人。少说话，多做事。

三国时期吴国有个叫顾雍的大臣，出身江东吴郡四大姓之一的顾氏。从小跟随大师蔡邕学习，二十岁就做了合肥县长。帝制时代，县长是最难做的，名义上是一县之长，实际上却要和里长、保甲、乡绅等人共治，其中的关系盘根错节，错综复杂，很难处理。而顾雍却历任任娄、曲阿、上虞等多地县长，政绩斐然。之后，他又步步高升，一直做到丞相、平尚书事，进封醴陵侯，为相十九年屹立不倒，孙权对他几乎言听计从。然而，就是这样一个人，却沉默寡言，在宴会上也从不喝酒。《三国志·顾雍传》中说："雍为人不饮酒，寡言语，举动时当。"就连孙权也感叹："顾公在坐，使人不乐。"

漂亮话只能起到锦上添花的作用，只有办事能力才是做人做事的基础。有些人，只说话不办事，见人非常热情，称兄道弟，酒桌上也最活跃，祝酒词一套一套，口头禅是"放心吧，包在我身上"，但真正做起事来就开始推三阻四，这种人就是典型的"不靠谱"。

想要"借力"，先要让自己成为一个靠谱的人，实心做事的人，先打下这个"地基"，才能继续往上走。如果地基都是虚的，那楼就算盖起来，也是"豆腐渣"工程。

第四章

幸福家庭，是敢做事的后盾

第一节

家和则福自生

《曾国藩家书》——家庭是成长第一步

家庭是做事的底气

世界上如果存在无私的爱，那一定是家人之间的爱。

史铁生在《秋天的怀念》中回忆说："双腿瘫痪后，我的脾气变得暴怒无常。望着望着天上北归的雁阵，我会突然把面前的玻璃砸碎；听着听着李谷一甜美的歌声，我会猛地把手边的东西摔向四周的墙壁。母亲就悄悄地躲出去，在我看不见的地方偷偷地听着我的动静。当一切恢复沉寂，她又悄悄地进来，眼边红红的，看着我。"

双腿瘫痪之后，史铁生一度想要放弃生命，是母亲无微不至的关怀和照顾把他从死亡的边缘拉了回来。"可我却一直都不知道，她的病已经到了那步田地。后来妹妹告诉我，她常常肝疼得整宿整宿翻来覆去地睡不了觉。"

儿子喜怒无常，喜欢摔东西，母亲就默默收拾碎片；儿子发脾气，母亲也默默忍受；北海的菊花开了，母亲带着儿子赏花，高兴地回忆小时候的场景："还记得我带你去北海吗？你偏说那杨树花是毛毛虫，跑着，一脚踩扁一个……"她突然不说话了，因为怕"跑"和"踩"触动儿子脆弱的神经。

这样一位母亲，身上除了无私，还有卑微、痛苦、忍耐、细致入微、心惊胆战，但更多的还是勇气。她知道什么时候该靠近，什么时候该保持距离，这种爱是世间最纯净、最强大的力量之一。我相信，大多数父母对孩子都有相同的爱，这也是中华优秀传统文化中强调孝道的原因。

史铁生母亲以无微不至的关怀和隐忍的爱，支撑儿子度过了人生的至暗时刻。母亲默默收拾他摔碎的玻璃，躲在一旁忍受病痛，却仍用日常的温情抚慰他脆弱的心灵。这样的无私，来源于一种天然的责任感，也体现了家庭的力量。

家庭是一个人做事的底气，因为它不仅是物质上的保障，更是心理上的依靠。我们在社会上承担风险、迎接挑战，背后都有一份"即使失败也无妨"的安全感。这种底气，便是来自家庭的包容。比如，我家是农村的，有宅基地和几亩地，我的下限就是回家种地，吃穿也不愁，偶尔还能下顿馆子；我一位朋友是富二代，下限就是"只能回家继承家里的上亿资产"；王羲之出身琅邪王氏，下限就是"随便到朝里混个官做"。这里说的下限，不仅仅是物质基础，也包括教育、道德、眼界、人脉资源、社会网络关系等附加值。

一个人有没有退路，做事的心态是完全不同的。拥有退路意味着拥有一份安全感，知道即使最坏的情况发生，自己也有一个可以依靠的基础，这种安全感可以极大地减少做事时的压力和恐惧，让我们能够更加大胆地尝试和冒险。

拥有退路的人在做事时能够保持清晰的头脑和冷静的判断，因为他们知道：失败并不意味着一无所有，而是有机会重新开始。

家和则福生

中国有一句古话："家和万事兴。"正因为家庭是底气，它的和睦便显得尤为重要。"家和万事兴"这一句古训，简洁却充满智慧。家庭的和谐不仅是一种情感的维系，更是一种力量的源泉。曾国藩在《禀父母·家和则福自生》中提到，"夫家和则福自生"，他深刻地认识到，家庭成员之间的和谐与互助，是家族兴旺发达的基石。无论是兄长对弟弟的关怀，还是弟弟对兄长的尊重，都是家和的表现。这种和谐带来的不仅是表面上的安宁，更是内心深处的稳固与力量。

"若一家之中，兄有言弟无不从，弟有请兄无不应，和气蒸帮而家不兴者，未之有也；反是而不败者，亦未之有也。"（《禀父母·家和则福自生》）家中的成员若能互相尊重、理解，秉持和气相处，家族便能在风雨中屹立不倒，兴旺发达；如果家庭不和，便会像缺乏根基的大树，最终可能因内部的纷争而崩塌。

家庭和谐不仅仅是指家庭成员之间关系和谐有爱，也包含了父母对子女的引导与支持。在一个和睦的家庭中，父母的言传身教、兄弟姐妹的互相扶持，都会成为孩子成长过程中的重要支撑点。它们塑造了孩子的人格与价值观，使其能够自信地走向社会，面对人生的种种挑战。

曾国藩对黄庭坚的《家戒》十分推崇，他说："我见无数富贵人家，堆银积玉，富丽堂皇，几年后再见时，已经家破人亡，甚至锒铛入狱。我问他们，为什么破落得这么快？那人说，我高祖那一代人，虽然是务农，但父母和子女慈爱宽厚，兄弟姐妹之间谦恭和顺。发家之后，礼也忘了，书也不读了，为了财产争来争去，人心散了，家就散了。"

很多家庭都是这样，不怕穷，就怕富。所以，曾国藩经常告诫子弟："吾家现虽鼎盛，不可忘寒士家风味。" 家庭不仅是一个物质基础，更是一个精神载体。

曾家祖上没有出过一个做官的，就算把族谱一直翻到宋朝，也找不到一个读书人。"五六百载，曾无人与于科目秀才之列。"可曾国藩之后呢？三个儿子中，曾纪泽是我国近代史上第二位驻外公使。三子曾纪鸿热衷数学，著有《对数评解》《圆率考真图解》等专著，成为近代著名数学家。两百年来，曾氏家族人才辈出，至今仍保持重要影响力，这就是家族作用的最好体现。

家庭和睦，是人一生都受用不尽的财富。家庭不是解决问题的万能答案，但它是一个重要的支撑点。无论我们身处何地，家庭总是让我们更有底气去面对生活中的风浪。

第二节

妻也者，亲之主也
《礼记》——夫妻和睦，黄土变金

后院起火

我有个发小老徐，在事业单位上班，家里没什么资源和背景，但业务能力强，还会"来事"，没几年就当上了小领导。前几年吃饭时他跟我说："这次单位考试，我是省里第一名，上面准备把我当储备干部培养了。"我连连道喜，这些年他确实不容易。老爹早年做生意赚了点钱，盖了两层临街房，但染上赌博，把积蓄败了个一干二净。后来患了肝癌，又把能借的亲戚朋友全都借了一遍，老爹走时，他才上大学。他老妈也不怎么靠谱。老爹走后，她就在全国四处打工，赚的钱一分不剩，全部花掉，变着法地换男友，也不怎么管他和他弟弟。

后来老徐成绩突出，直接校招进的单位，一边上班，一边还债，一边还要管弟弟。他弟弟也不靠谱，初中辍学，学了一身不良习气，身上文龙画凤，先前在洗浴中心上班，偷了客人手机跑了。后来谈了个女朋友，看人大了肚子就把人家给甩了。女方一家子堵在门口要钱，老徐只好自掏腰包。再后来，小徐要开个理发馆，老徐非常开心，弟弟终于懂事了，以后就不用自己操心了。兴奋之余，他把自己攒的十万块"老婆本"全给了弟弟，又从银行贷了些钱，没想到小徐拿到钱就出去玩了，不几天就花得精光。

老徐很无奈，眼看着奔三了，连个女朋友都没有，幸好还有个体面的工作，经人介绍后入赘到了女方家。女方家也不是大富大贵的家庭，最多算得上小康。老徐结婚后，整个人都变了，经常打电话跟我诉苦，说老婆脾气差，经常发火，岳父看不起自己，岳母又是个势利眼，自己过得生不如死云云。

按老徐的能力，我想着怎么着几年内也能发迹，可怎么也没想到，一年后他不仅没有高升，反而下到基层去了。我问他原因，他只是搪塞，语焉不详，支支吾吾。后来从另一位朋友处我才知道，老徐和一位超市的售货员好上了，老婆知道后到单位大闹了一通，老徐的晋升之路算是断了。"真不知道他是怎么想的，那售货员长得真是一言难尽。"这位朋友说话时眉飞色舞，眉眼间全是幸灾乐祸。这种事，不能问也不能说，只好让它烂在心里。

了解单位的人都知道，老徐这样没有资源、没有背景的人，出了这种"丑事"，前途基本上是毁了。这就是典型的"后院起火"，为这点事断送前途，太不值当，但这样的人却着实不少，你应该也听说过，或者周围就有现成的例子。

单就老徐这件事，责任当然全在他，但在他的人生轨迹中，我们看到了种种不利因素的叠加：家庭的经济困境、亲情的缺失、沉重的责任负担、社会环境的挑战等。这些因素共同构成了一个复杂的背景，对老徐的生活和选择产生了深远的影响。他希望在婚姻中得到的是尊重、理解与支持，一种可以依靠的稳定力量。在面对生活的重压和社会的挑战时，他渴望家庭成为他的避风港，一个让他暂时放下所有负担、得到心灵慰藉的地方。然而，现实与期望之间的差距，以及在婚姻中遇到的新问题，让他感到更加无力和沮丧。他出轨当然应受批判，但他那段时间过得确实挺痛苦。

围城内外

钱锺书在《围城》中有句十分经典的论断："婚姻是一座围城，城外的人想进去，城里的人想出来。"

为什么呢？因为从根本上说，婚姻是需要磨合的。因为它试图将两个独立的，有着不同背景、性格、价值观的个体，通过法律和社会的约束，绑定在一起生活一辈子。这种绑定，要求双方不仅在情感上互相扶持，更要在经济、生活习惯、兴趣爱好等方面做出妥协和调整。人性中渴望自由、追求个性的本能，在婚姻的约束下，有时需要被抑制，有时甚至需要作出牺牲。

首先，婚姻要求个体在情感上专一。财富和魅力会吸引无数诱惑，而在这些诱惑面前保持忠诚，对意志不坚定的人来说是一种考验。这不仅是对个人意志力的挑战，更是对个人价值观和人生理想的考验。在这个过程中，很多人会发现，原来对于婚姻的承诺，不仅仅是对另一半的承诺，更是对自己人生中更高理想的承诺。

其次，婚姻还要求在日常生活中对另一半进行持续的理解和包容。这一点实际操作起来其实挺困难的。每个人都有自己的生活习惯、价值观和性格特点，当两个完全不同的个体试图在同一个屋檐下共同生活时，矛盾和冲突几乎是不可避免的。如何在这些矛盾和冲突中找到平衡点，既保持个体的独立性，又不损害到双方的关系，是一件极难的事。这不仅要求双方具备高度的沟通技巧，还需要有强大的心理承受能力和深刻的自我认知，必须在看到自己的缺陷时努力改正，及时修复关系。更难的点在于，随着时间的推移，每个人都在不断变化和成长，这就意味着婚姻中的理解和包容也需要随之动态调整，这是一个持续的、长久的过程。

所以，现实情况是，夫妻双方中，必须有一方作出妥协，而只要妥协，就会产生不平等，这种不平等可能会随着时间的推移而累积，最终导致关系的紧张甚至破裂。妥协，虽然是维持关系的必要手段，但过度的妥协可能会使一方感到自我价值的缩小和对生活的不满意。

此外，婚姻还要求双方能够共同面对生活中的各种挑战和困难。这包括经济压力、职业发展、子女教育甚至是彼此家庭的相处等问题。如何在这些外部压力下保持婚姻的稳定和幸福，不受外界因素侵蚀，也是一个巨大的考验。它要求双方不仅要有共同的目标和价值观，还需要有坚韧不拔的意志力和互相支持的决心。

所以，维持婚姻当然需要自爱，但更需要自省、自律。

相濡以沫

可是，人为什么要结婚呢？为什么要这么为难自己呢？因为婚姻制度适应人类社会发展，它确保了人类这个种族的存续，并进一步确保了人类不断壮大为地球上最强大的物种。

你有没有注意到，牛犊以及许多哺乳动物的幼崽，比如马、羊等，刚出生很短时间内就能站立，甚至开始走动。这种能力是自然选择的结果，对于野生动物来说，在野外，新生的幼崽需要尽快跟随母亲移动，以躲避天敌的威胁、寻找食物。这种生理特性减少了幼崽成为捕食者目标的风险，增加了它们存活下来并最终繁衍后代的机会。

与之相比，人类婴儿则需要更长的时间来发展这些基本的运动能力。人类婴儿出生后数月内通常无法站立行走，这源于人类大脑发育的特殊性。相较于其他动物，人类大脑体积占比更大，结构更复杂，需要更长的成熟期。这段时间，就需要人类女性在家中照料和保护，确保婴儿在最脆弱的时期得到足够的关怀和营养。换句话说，人类女性在这段时间中是无法生产劳动的，这就是婚姻制度诞生的根源。

婚姻制度产生的根源在于人类社会需要一个稳定的结构来保证婴儿的成长和家庭的持续，这种结构不仅提供了物质上的支持，更提供了情感上的依靠和社会化过程中必需的教育。因为人类婴儿的依赖期长，对父母，尤其是母亲的依赖更为显著，婚姻制度便成了一种社会契约，旨在确保男性在女性照顾婴儿期间提供必要的支持，同时也确保了对儿童的共同责任。

随着社会的发展，婚姻制度经历了从简单的生存协议到复杂的社会契约的转变，其内涵和形式也随之丰富和多样化。在不同文化和社会中，婚姻制度体现了不同的社会价值观和生活方式，但其核心目的——保障后代的生存和发展，以及维护社会稳定——始终没有改变。

在现代社会，婚姻制度不再仅仅是一种经济或生存的安排，它还承载了个人情感满足、身份认同和社会评价等多重含义。虽然现代社会提供了更多的生活选择，但婚姻作为一种选择，并不是每个人都必须遵循的生活方式。婚姻制度的演变反映了人类社会的进步和变迁，从满足基本生存需求到追求更高层次的精神满足，婚姻在人类社会中的角色和意义不断被重新定义和解读。因此，无论是物质上还是精神上，婚姻天然就带着相互扶持的特性。

《礼记》中说："妻也者，亲之主也。"意思是妻子是家庭中最主要，也是最重要的角色。俗话说："夫妻和睦，黄土变金。"当夫妻两个人都为同一目标前进时，家庭才会越来越和睦，生活才会越来越好。

第三节

昏礼者，将合二姓之好
《礼记》——结婚是一场资源整合

资源整合

在传统社会，婚姻往往不仅仅是两个人的结合，更是两个家庭甚至是两个家族之间的联盟。通过婚姻，可以有效地整合双方的资源，不仅包括物质财富，还包括社会关系网络、知识和技能等。在一定程度上，这种资源的整合有助于提升个人及其后代的社会地位和经济实力。

欧洲著名的哈布斯堡家族，就是通过不断联姻，继承大量土地和财富，成为欧洲最有权势的家族之一。哈布斯堡家族的格言是："让别人打仗，你们去结婚。"这个家族有多能结婚呢？马克西米连一世通过与勃艮第女公爵玛丽亚结婚，将勃艮第及其庞大的领土纳入家族的控制之下。查理五世通过联姻成为神圣罗马帝国皇帝和西班牙国王，统治了包括西班牙、奥地利、南意大利和新发现的美洲殖民地在内的广阔领土。查理五世退位后，他的领土被分为奥地利和西班牙两个分支，分别由他的弟弟费迪南德一世和儿子菲利普二世继承。这两个分支通过后续的联姻继续扩大各自的影响力和领土。

我国古代也是一样。如果你看过晚清皇后、妃子们的老照片，会发现她们的"颜值"并不"在线"，这是为什么呢？因为这些皇后、贵妃之类的后宫重要人物，都是大臣的女儿，皇帝为了加强与大臣的关系，只能接受这样的联姻。

说得功利一点，现实一点，结婚就像两家公司成立一个新的合资公司。在这家合资公司中，双方会共享彼此的经济资源、人脉关系、知识技能等。公司成立之后，夫妻会把各自的财产和收入汇入"共同基金"，用于家庭的日常开销、子女教育、投资理财等，以确保这家"公司"的稳定增长。

所以，在选择婚姻对象时，门当户对也是很重要的一个方面，因为这样，双方能够提供的资源大概是对等的。当然，很多时候，门当户对很难做到。

苏老泉

《三字经》中有一段话："苏老泉，二十七，始发愤，读书籍。"这里说的"苏老泉"就是苏洵。苏洵年轻时，总梦想着"仗剑走天涯"。每天什么正事都不做，跟着一群朋友到处游历。有人问他老爹："你家孩子这样，你也不管管吗？"老爹说："到时候他自然就知道了。"

无论是古代还是现代，游历都是一件很费钱的事。苏洵的家境不算富裕，也算不上贫寒，勉强还能供得起他，可成年之后，再跟家里要钱就说不过去了。十八岁时，苏洵娶了大理寺丞程文应的女儿，从家里搬了出去，还是不事生产，到处游历，养家的重担全都落在了妻子肩上。

程夫人是个很要强的人，本来夫家就不如自家，她怕娘家人看不起丈夫，只好咬牙卖掉嫁妆，在沿街租了间铺面经营布匹生意。一边要供养家庭，一边还要教育子女，更加忙不过来了。

直到二十五岁时，苏洵才醒悟，决定考取功名，混个一官半职。他自诩天赋过人，比同辈人聪明，以为读书没什么难的，不肯下苦功夫。可是，随着第一次乡试落榜，他被现实狠狠"打脸"。

苏洵一直没有经历过什么挫折，这次失败让他意识到，原来自己也没有比别人高明多少，于是把自己过去的书稿全都拿出来一把火烧了，取出四书五经，准备重新苦学。但是，看着忙前忙后的妻子，逐渐长大的孩子，他深感愧疚，于是去问程夫人："我觉得现在如果重新开始学习还来得及，但这一大家子人还要养活，真不知道该怎么办。"程夫人勉励他："子苟有志，以生累我可也。"

从这一天开始，苏洵便把自己关在房间里埋头苦读，两耳不闻窗外事，一心只读圣贤书。不过这却苦了程夫人，不仅要操劳生意，还要抽出时间教育儿子。即使如此，她对孩子的教育也从没有落下。

一次，程夫人带着两个儿子读《后汉书》，读到《范滂传》时，不禁慨然叹息。范滂是汉代名士，为官刚正不阿。当时朝政被阉党把持，他上疏反对，被阉党诬陷下狱。临刑前，范母来监狱探望，范滂哭着说："儿子不孝，不能给您养老送终了，您不要过分悲伤。"范母擦干眼泪说："你青史留名，我有什么好悲伤的？"苏轼听到这里，忽然抬起头认真地问："母亲大人，如果我长大要做范滂那样的人，您答应吗？"程夫人感动不已，把小苏轼抱在怀里说："你能做范滂，我就不能做范母吗？"程夫人的言传身教影响了苏轼和苏辙一生，在他们心里种下了一颗正义的种子。

几年后，三苏进京，苏家两兄弟同时金榜题名，受到欧阳修大力举荐，名动京华。可是，程夫人却因为多年劳累而撒手人寰。三苏返回家乡时，但见墙倒屋塌，满目破败，"家无一年之储""归来空堂，哭不见人"。苏洵追悔莫及，哭天抢地，然而，一切都已经晚了。

司马光在给程夫人的墓志铭中写道："贫不以污其夫之名，富不以为其子之累；知力学可以显其门，而直道可以荣于世，勉夫教子，底于光大。"

"唐宋八大家"中，苏家父子就占了三席，这一亘古绝今的成就背后，是程夫人数十年的默默付出。如果没有娘家带来的嫁妆，如果没有从小在娘家受到的良好教育，程夫人也不可能教育出这样出色的两个孩子。这就是"资源配置"的最佳体现。

然而，这样的"贤母"绝不是婚姻关系中应该存在的。婚姻关系中的每一方，都应该是平等的伙伴，共同承担家庭的责任，共享家庭的快乐。程夫人的事迹，虽然体现了一种伟大的母爱和无私的牺牲精神，但这并不是婚姻中的理想状态。婚姻不应该是一方无休止的付出和牺牲，而应该是两个人共同建立的一个温暖的家园。在这个家园中，每个人都能找到自己的位置，实现自己的价值，同时也能为对方提供支持和鼓励。

因此，《三字经》应该写："苏老泉，二十七。妻勉励，读书籍。"

古人说："昏礼者，将合二姓之好，上以事宗庙，而下以继后世也，故君子重之。"婚姻不是简单的两个人的结合，而是两个家庭的结合。婚姻更不是单方面的"扶贫"，而是资源共享与整合，双方家庭一旦差距过大，就很容易出现问题。

所以，对于"强势方"来说，在选择踏入"围城"之前，一定要慎之又慎。对于"弱势方"来说，更多的可能需要考虑自己在这段关系中的立场和未来。无论是"强势方"还是"弱势方"，都需要从一个成熟、理性的角度出发，去考量和选择婚姻，深入了解对方的真实情况，包括性格、价值观、生活习惯等，以及自己是否愿意在婚姻中与对方共同成长。

贫贱夫妻百事哀

唐人元稹在悼亡诗《遣悲怀》中说："贫贱夫妻百事哀。"这句诗广为流传，被理解成贫贱夫妻日子难过，但真实的含义恰恰相反。元稹的意思是：对于同贫贱、共患难的夫妻来说，一旦永别，更为哀伤。在诗中，元稹回忆说："我们当时开的关于身后事的玩笑，没想到这么快就成真了。你生前穿的衣服我快施舍完了，只有你的针线活还在，但我一直不敢看。昨天夜里，我又梦到你了，还给你送了些钱，希望你在那边能过得好一点，至少比生前好一点。我知道，生离死别是人人都要面对的痛苦，但你离开后我才发现，我们之间的死别比其他人更加哀伤。"

元稹与妻子韦丛结婚后不久，就因为得罪宦官被贬为江陵府士曹参军，生活过得十分困苦。但韦丛却毫无怨言，夫妻感情甚笃。过了七年，元稹升任监察御史，韦丛却不幸病逝，年仅二十七岁。妻子去世后，元稹写了很多悼亡诗，其《遣悲怀三首》被评价为"古今悼亡诗充栋，终无能出此三首范围者"。

其实，现实生活中，大多夫妻的处境和元稹一样，没有太高的收入，也没有什么可以置换的所谓"资源"，生活就是平平淡淡，柴米油盐，如同两条在干涸池塘中的鱼，相濡以沫。有的夫妻半路走散，老死不相往来。但更多的夫妻，在平淡的生活中相知相守，共同成长，终于等到了水漫上来的那天。

第四节

得贤内助，非细事也
《宋史》——换位思考

角度不同，世界不同

晚上九点，你终于完成了老板交代的任务。"这点小事都做不好，再这样就不用来了。"想着老板凶神恶煞的表情，你叹了口气。步行八百米到达地铁站，换乘两次地铁后，又转乘公交车，到家时已经是晚上十点半了。"太累了。"你坐在小区凉亭里点了根烟，望着不远处家的方向，竟然产生了不想回去的念头。

你看着眼前不断闪烁的光点，希望它能燃得慢一点，再慢一点，最好永远不要熄灭。一阵风吹过，你闻到了海绵燃烧的焦煳味。终于，烟还是熄灭了。你扔掉烟头，拖着沉重的步子回到家。一打开门，你看到儿子抱着手机躺在沙发上，嘴里喊着"以雷霆击碎黑暗"。老婆在旁边大叫："快去洗脸刷牙，马上！"看样子已经催了不止一遍。茶几上放着几个礼盒，那是父母刚买回来的保健品。老爹拿着手机，听筒里传来十分肉麻的声音："干爹，以后就让儿子来孝顺您二老。"说话的是楼下卖保健品的小陈。

121

你关上门，这时，你老婆走了过来，指着你大声说："赶紧管管你儿子，整天抱着手机，都成什么样了？"这时，你忽然被一阵绝望包围，你只想靠在沙发上泡个脚，好好休息一下。可老婆还是不依不饶，围着你不停地说。你一气之下夺过孩子的手机，大吼着让他立刻去刷牙，孩子哭着跑进卧室。老婆嫌你凶孩子，你们之间的"炸药桶"立刻点燃。父母跑来劝架，却越劝越乱，你感觉整个人都快要崩溃了。

"这样的日子，我是一天也不想过了。"

"不想过就不要过了，离婚，明天就去民政局！"

这句口头禅你们已经重复了无数遍，每次也都是真心的，但最后都因为种种原因作罢。

其实你不知道，你在公司上班时，孩子感冒发烧，妻子照顾了他一整天，还要做饭、洗碗、拖地、洗衣服，一整天都没闲着，比你还累。孩子一直在问："爸爸什么时候回来？我想让他和我一起玩，他好久都没陪过我了。"老爹老妈为了不给你添麻烦，去银行排了一天的队买国债，那个小陈也整整陪了他们一天。

在这个忙碌而充满压力的时代，每个人都在用自己的方式努力着，承担着属于自己的责任与挑战。或许，从你的视角看，日常的工作、上下班的奔波、家庭的争吵让你感到疲惫不堪，甚至有时候会觉得绝望。但从换一个角度来看，你的家人同样在各自的岗位上付出着，他们的努力也许没有那么显眼，但却同样重要。

你的妻子在家中默默承担起照顾孩子、打理家务的重担，她的辛劳和疲惫不亚于你的工作压力。孩子对你的思念，是对父爱的渴望和对家庭温暖的向往。而你的父母，尽管年纪已大，仍愿意为家庭做出自己的贡献，哪怕是在银行排队一整天，也希望能为家庭带来一点点帮助。

在这样的家庭中，每个人都是不可或缺的一部分，每一份付出都值得被认可和尊重。立场不同，看待问题的方式也就不同。

贤内助

《宋史》中有"得贤内助，非细事也"的说法，意思是能够选到一位贤内助，是一件很不容易的事。苏轼的母亲程夫人就是典型的"贤内助"。"贤内助"这种说法，源自古代"男主外，女主内"的传统，似乎男性天生就应该在外面做事，女性天生就只能成为"成功男人背后的女人"，究其原因，是古代的生产方式决定的。

农业社会的生产方式直接影响了社会结构和性别分工。在这样的社会中，由于农业生产的劳动强度大、时间长，且需要较多的体力，男性因其生理上的优势通常被安排在外进行耕种、狩猎等重体力劳动，而女性则主要负责家庭内的事务，如照顾儿童、处理家务等。这种分工形式逐渐被社会认同和固化，进而形成了"男主外，女主内"的传统观念。

古代社会的这种性别分工，不仅是出于生理特征的考量，也反映了当时社会对于男女不同社会角色的期待。男性被视为家庭的经济支柱和社会地位的代表，而女性的价值往往被限定在家庭内部，通过家务劳动、生育和养育后代来支持丈夫，确保家庭的稳定和发展。

进入现代社会之后，尤其是进入信息时代之后，自动化、数字化和智能化成为生产的主要特征。这使得生产不再仅依赖于体力劳动，而是更多地依赖于知识、技术和信息处理能力。经济结构也从以农业和制造业为主转向以服务业和高科技产业为主。在这样的经济模式下，女性有了更多参与社会生产和经济活动的机会。

尽管如此，仍然有很多不事生产的家庭主妇不直接创造经济价值，这也成为家庭矛盾的一个主要原因。根本问题在于，社会分工给予每个人完全不同的角色，当评价标准不同时，很多"隐形的劳动"就被忽视了。现代社会，有时会用获得的金钱来衡量一个人的价值，马克思称其为"资本对人的异化"。

简单来说，就是人们感觉自己跟自己的工作、跟自己生产的东西甚至跟其他人之间变得疏远了。你工作不是因为你喜欢或者想要创造些什么，而只是为了挣钱生活。而那些用心生产的东西，你也感受不到它们的价值，因为它们被拿去换钱了。同时，这种状况还让人与人之间变得疏远，大家互相之间更多的是竞争关系，而不是伙伴或朋友。人变得像机器一样工作，而忘记了自己其实是有思想、有情感的人。

另一方面，人的劳动被明码标价，当作商品在市场流通。社会往往会根据能否创造货币价值来评价一个人的价值。这种观念导致了那些难以直接转化为货币收益的劳动和活动，如家务劳动、育儿、教育、艺术创作等，

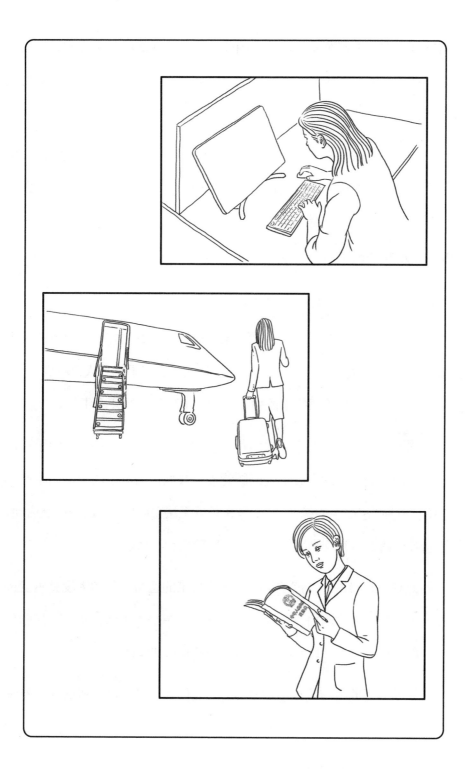

常常被视为次要或甚至无价值的。因此，即使这些活动对个人成长、家庭幸福和社会发展有着极其重要的意义，它们在货币化的评价体系下却可能被边缘化。

这种现象反映了一个更广泛的社会问题，即人们在衡量价值时过分依赖于经济标准，忽略了人的内在价值和非经济活动的社会价值。它导致了一种价值观的扭曲，使得人们开始忽视那些对提升生活质量和精神层面极为重要的非物质财富。

隐形劳动

当整个社会都被这样的价值观绑架、裹挟，家庭主妇自然也就成了人们眼中"无用"的人。可是，事实真的是这样吗？当然不是！人之所以为人，是因为我们拥有超越物质需求的精神追求、情感联系和社会责任。

一项调查显示，家庭主妇很多都患有"职业病"，包括但不限于长期低头引发的肩痛、长期弯腰引发的腰背痛、长期用力刷东西引发的手肘痛等。还有一种"家庭主妇综合征"，是在长期无法得到理解，缺少社交活动，怀疑自我价值的精神压力下，引发的心理障碍和身体疾病。

西方有一句谚语："孩子是上帝赐给母亲的恶魔。"如果没有感受过生养孩子之苦，很难明白这句话的确切含义。一个小生命，从十月怀胎到降生，再到长大成人，母亲所经历的痛苦是难以想象的。

哺乳期的婴儿每夜需要多次喂奶，间隔仅数小时。这种状况往往持续数月甚至一年，妈妈连睡一个安稳觉都是奢望。想象一下自己在熟睡中被人叫醒，就能体会这种痛苦。六个月时，孩子夜里不怎么喝奶了，可又开始长牙，半夜经常哭醒，妈妈要强忍着睡意哄孩子入睡。如果没有人帮忙带，妈妈连上厕所的时间都没有。孩子终于长到一岁时，时时刻刻都离不开妈妈，总让人抱。妈妈一边安抚孩子，一边还要给他准备辅食、换尿片、冲奶粉、洗衣服。等孩子上学之后，妈妈就忙了，不仅要照顾孩子的日常生活，还要辅导作业。小孩子抵抗力差，很容易生病。腹泻、发烧、咳嗽、湿疹、水痘、牙疼，每次生病，妈妈们都要忙前忙后，整夜无法睡觉，几乎成了半个医生。

这些辛苦还只是养孩子时很小的一部分工作，但已足以让人眼前发黑、头皮发麻，时刻处在崩溃的边缘。从孩子降生的那一刻起，仿佛就有一根无形的绳子，将妈妈牢牢捆住了。这样的强度，比起世界上大部分工作都要辛苦，都要劳累得多。可是，很多人却认为，家庭主妇是没有价值的，这才是最讽刺的。

所以，家庭避免矛盾和冲突最好也是最根本的办法，就是相互理解。如果做不到这一点，矛盾是无法避免的。她理解你的辛苦，你也要理解她的不易，多站在对方的角度去考虑问题。

在这个快速变化的时代，我们常常追求外在的成功和认可，而忽略了生活中真正宝贵的东西。家庭，这个古老而普遍的社会单位，承载着我们最深的情感和希望。在家庭中，每个人都在用自己的方式贡献着力量，不论是外出工作的一方，还是在家照顾家庭的一方。他们的努力和付出，虽然形式不同，但都同样重要，都值得我们给予最深切的尊重和理解。

我们必须意识到，家庭主妇的"隐形劳动"并非没有价值，而是家庭幸福和社会稳定的基石。孩子的笑脸、家的温馨、亲人间的和谐，这些看似平凡的日常，背后都凝聚着家庭成员无数的辛勤和汗水。

因此，让我们在忙碌的生活中停下脚步，给予家人更多的理解和支持，认识到每一份劳动的价值。在相互尊重和理解中，我们的生活会更加丰富多彩，我们的世界会因为爱而变得更加美好。家庭不仅是我们的避风港，更是我们心灵的归宿。让我们珍惜家庭中的每一份付出，共同创造一个温馨和谐的家庭环境，只有这样，我们做事的底气才会更足，才能真正"敢做事"。

第五节

不痴不聋，不为家翁
《资治通鉴》——难得糊涂

皇帝也"憋屈"

很多时候，皇帝也会"受欺负"。比如唐代宗有段时间就很难受，女儿升平公主来跟自己告状，说自己丈夫说了很多"大不敬"的话，要让皇帝老爹给自己主持公道。可代宗左右为难，不知道该怎么办才好。

这个事还要从"安史之乱"说起。唐玄宗统治后期，一味享乐，声色犬马，重用"口有蜜、腹有剑"的奸相李林甫、杨国忠等奸人，致使朝政腐败，民不聊生。节度使安禄山趁机招兵买马，以讨伐杨国忠为借口发动叛乱，战火迅速蔓延。

可由于杨国忠隐瞒不报，一直到几个月后，唐玄宗才相信安禄山确实叛变了，慌忙组织军队反击。但由于承平日久，招募来的都是些没有战斗力的市井子弟，根本不是安禄山百战之师的对手，加上指挥失误，导致一败再败。很快，叛军就攻占了东都洛阳，攻破了潼关，直逼都城长安。

消息传回宫中，朝中大乱。唐玄宗一边下令自己要御驾亲征，一边带着妃子和皇子皇孙连夜逃了。行到马嵬坡时，将士们忍无可忍，逼着玄宗处死杨国忠，缢杀杨贵妃，然后一行逃往蜀地。

另一边，李亨在杜鸿渐等人的护送下，终于抵达朔方军大本营灵武，为稳定军心，在众人的拥护下登基称帝，遥尊玄宗为太上皇。玄宗虽然不愿意，但也只能妥协。几天后，李亨任命李豫为元帅，郭子仪为中军，李嗣业为前军，率领十五万大军讨伐安史叛军。这几个将领中，以郭子仪战力最强。出征不久，就接连收复了静边军（今山西右玉县）、云中（今山西大同）、马邑（今山西朔县）等地。两年之后又接连收复长安、洛阳。

郭子仪班师回朝，肃宗李亨派人到灞上迎接，对他说："国家再造，卿力也。"郭子仪因功受封代国公，食邑千户。安史之乱平定之后，仆固怀恩再次发动叛乱，吐蕃、回纥、党项乘虚而入，烧杀掳掠，攻陷长安。郭子仪再次临危受命，单骑退回纥，率军大破吐蕃，收复长安，再次安定朝局。

可以说，郭子仪对唐朝有再造之功，《旧唐书》中评价："再造王室，勋高一代。"唐代宗即位后，将女儿升平公主嫁给了郭子仪的儿子郭暧。升平公主是代宗二女，最受父亲宠爱，"恩礼冠诸主"，从小就在万千宠爱中长大。郭暧是郭子仪六子，老爹有天大的功劳，自然谁也不服。这对小夫妻，都是惯出来的主儿，十几岁的年纪，平时的摩擦自然少不了。

一次小两口吵架，吵急眼了，郭暧就对公主说："我爹要是想当皇帝，哪还有你们家什么事？"这虽然是气话，但放在古代可是要杀头的大罪名。

升平公主一气之下跑回"娘家"告状，把郭暧的话一五一十说了一遍。代宗十分"不爽"，却也只能压下火气说："人家说得对，郭子仪要是想自己当皇帝，早就没有咱们家什么事了，你快回去吧，不要任性了。"这事往小了说，是小夫妻斗嘴，往大了说，就是"大不敬"，属于"十恶"重罪。

没过多久，郭子仪知道了这件事，立刻把郭暧绑起来亲自带到代宗面前请罪。代宗却说："常言道，不痴不聋，不作家翁。小两口吵嘴怎么能当真呢？"皇帝虽然这么说，郭子仪却不能这样做。他回去之后，还是重重打了儿子一顿。这就是著名戏曲剧目《醉打金枝》的故事原型。

清官难断家务事

对于代宗来说，郭子仪是功勋重臣，对唐朝有再造之功，领天下兵马，内忧外患都要靠他解决，代宗把这件事"轻轻放下"，归为"闺房戏言"，为的是安抚人心。可郭子仪身居高位，只有处处小心，如履薄冰才能善终。这事要是传到有心人的耳中，难免要落人口实，"大不敬"都是轻的。所以，他必须将这件事"高高举起"，表明自己对皇帝的尊敬。正是因为两个人都懂这种微妙的平衡，这件可大可小的事才最终得以巧妙化解。

俗话说："清官难断家务事。"家庭内部的矛盾琐碎复杂，就算是包龙图再世、海瑞重生也断不了这种案子。

一个朋友前段时间找我，问我能不能写一个动画剧本，他要做成动画片，大概内容是：老人今年八十多岁，有四个女儿，一个儿子。儿子身体不好，刚做完手术，每天只能躺在床上。不巧，老人也生病了，卧床不起。

可是，女儿们都找借口不去照顾老人，只有儿媳妇忙前忙后，这边照顾生病的丈夫，那边还要照顾卧床的老人。无奈之下，老人的孙子只能辞去工作，整整照顾了老人一年多。这一年多时间中，几个女儿几乎不闻不问，连来的次数都很少。

"我这几个姑姑真不是东西，我要去法院起诉她们，不尽赡养义务。"朋友生气地说。家务事我不好评价，只好默默听着。"我还要把她们做的事写下来到处张贴，让她们身败名裂。还要做成动画片，让她们出名！"朋友越说越气，咬牙切齿，夹起牛肉狠狠嚼了几口，仿佛是在嚼那几个亲戚。

我不是"清官"，自然不敢乱断人家的家务事，可这件事我略有耳闻。老爷子生前是单位干部，和老太太两口子严格遵守"嫁出去的女儿泼出去的水"原则，以"财产要留给儿子"为中心点，以"重男轻女"为导向，以"儿子才是传后人"为切入点，对几个女儿几乎不闻不问。我朋友这几个姑姑，就是典型的"招弟""盼弟""来弟""念弟"，心里积压了几十年闷气，老太太生病之后，自然是不闻不问。做老人，最怕一碗水端不平，尤其是重男轻女的家庭。对于女孩来说，"招弟"这样的名字很可能是一辈子的枷锁。

家庭中的关系就是这样错综复杂，表面上看是女儿不赡养老人，事情的起因却是老人对女儿母爱的缺失。这样的问题并不少见，从根本上说，是长期以来的性别偏见和家庭角色分工所导致的不公平和矛盾。有时候我们身处其中，却难以洞察事物的本质，容易被琐事所迷惑，而忽略了更深层次的含义。

《道德经》中说："俗人昭昭，我独昏昏。俗人察察，我独闷闷。"在处理家庭矛盾时，"难得糊涂"在很多情况下都是最好的方法，这不是逃避问题或放任自流，而是一种更加明智和成熟的选择。

熵增

家庭中的有些问题，在不涉及原则的前提下，睁一只眼闭一只眼是一种明智的处理方式，尤其是隔代人之间。夫妻吵架，长辈最好不要参与，夫妻闹矛盾，长辈也不要急着去评理，这样只会让事情进一步扩大。

物理学上有一个熵增定律，也称热力学第二定律。简单来说，就是在一个封闭的孤立系统中，熵（即系统的无序度）总是倾向于增加，直至达到最大值，此时系统达到热力学平衡态。

这样说太过抽象，我们举个例子来说。设想一个初始时刻完全空的房间，这时候房间内的熵（无序度）是最低的，因为没有任何物体存在。接着，我们开始往房间里加入各种物品，如家具、衣物、书籍等。

在最开始，我们或许会有条不紊地将每样物品放置在房间的特定位置。但随着物品数量的不断增加，房间内的空间开始变得拥挤，物品之间的排列组合变得越来越复杂。即便我们试图保持秩序，但在不断加入新物品的过程中，房间的总体无序度（熵）实际上是在增加的。

在一开始，增加的每一件物品对房间总体秩序的影响相对较小，因为我们可以相对容易地找到方法为每件新物品安排合适位置。但随着物品数量的持续增加，为新加入的物品找到合适的位置变得越来越困难，房间的混乱程度（熵）也随之增大。

人际关系其实也一样。一开始，当我们只与少数几个人建立联系时，保持这些关系的有序度相对容易。我们可以投入足够的时间和精力去维护每一段关系，确保交流顺畅，避免误解和冲突。

然而，随着我们社交圈的扩大，与更多人建立联系，人际关系的复杂度也随之增加。每一段新的关系都加入了新的变量，包括不同的性格、价值观、期待和交流方式。就像不断向房间增加新物品一样，我们需要在更多的关系中寻找平衡，尝试维护每一段关系的秩序。

家庭中夫妻出现矛盾时，其他人最好不要干预。一方面，夫妻之间的争执通常涉及深层次的个人情感和共同生活的细节问题，这些是外人难以完全理解和感同身受的。其他家庭成员的介入可能基于片面之词或自身的判断和价值观，导致偏颇的支持或错误的建议，从而使问题更加复杂化。

另一方面，夫妻之间的争吵有时是夫妻关系调整和情感沟通的一种方式。通过争执，双方可以表达不满和期望，寻找解决问题的方法。外人的干预打断了这一过程，会阻碍夫妻之间达成更深层次理解和和解的机会。

很多人，尤其是家里的长辈会认为，既然是"一家人"，那大家就应该是一个整体，你的事也就是我的事。其实并不是，即使家人之间也应该有明确的界限。维护这种界限是健康家庭关系的重要部分。家人之间的界限不仅包括个人空间和隐私，还包括情感和责任的界限。每个人都有自己的情感和生活，过度介入或者承担超出自己责任范围的事务，可能会导致关系紧张，甚至侵犯了他人的界限。

因此，"不痴不聋，不为家翁"，是处理家庭关系时一种明智的选择。

第六节

毋意，毋必，毋固，毋我
《论语》——化解矛盾的实用指南

距离产生美

"什么东西！"一大早，办公室老陈就大发雷霆。当时才七点多，办公室就我和他两个人。我问老陈怎么了，他说了妻子的一堆不是，都是些鸡毛蒜皮的小事。大概是说昨天晚上吵了一夜，他只睡了两三个小时，最后叹气说："还是去年好呀。"

去年，老陈和妻子因为工作的关系分隔两地，一个东一个西，相隔千山万水，一有时间就打电话、发微信，如胶似漆。老陈每天都盼着老婆能早点回来，结束两地分居的生活。今年，老婆终于回来了，老陈却一天比一天暴躁，夫妻俩几乎每天都要吵架。看来，"距离产生美"还真不是一句空话。

夫妻吵架是最消耗人的。一个指责、抱怨，逐渐不耐烦。另一个接受改造，接受控制，逐渐失去自我。对很多夫妻来说，吵架似乎是家常便饭，三天一小吵、五天一大吵是基本状态。有时候能"床头吵架床尾和"，有时候要"冷战"很久才能和好如初，可很快就会再次陷入争吵，在吵架—和好—吵架—和好中不断循环，似乎永远看不到尽头。

一项研究曾对一千七百名已婚人士开展了长达二十年的跟踪调查，结果表明，夫妻吵架次数越多，健康情况就会越差。因为坏情绪会导致免疫系统功能下降、血压升高、心率增快、睡眠质量变差，甚至可能增加患心脏病和糖尿病等慢性疾病的风险。此外，长期的夫妻争吵还会影响心理健康，可能导致抑郁、焦虑、情感疏离感增加，降低幸福感和生活满意度。

很多人和老陈一样，能想到的最好的解决办法，就是远离对方，不相处就不会产生摩擦。这是出于无奈的选择，却不是最好的办法。

《论语》中说："子绝四：毋意，毋必，毋固，毋我。"这句话是说，孔子杜绝了四种弊端：不妄加揣测，不做绝对判断，不固执己见，不凭主观意愿。这些原则同样适用于家庭关系，许多家庭矛盾往往源于未能做到这"四毋"。

非暴力沟通

国际非暴力沟通中心创始人，全球首位非暴力沟通专家马歇尔·卢森堡在其《非暴力沟通》中提出了一个发人深省的问题："我相信，人天生热爱生命，乐于互助。可是，究竟是什么，使我们难以体会到心中的爱，以致互相伤害？又是什么，让有些人即使在充满敌意的环境中，也能心存爱意？"

这段描述，很符合夫妻冲突的场景。曾经听过一个很有趣的说法：夫妻相处，吵架时只想拿一把手枪把对方当场毙了，可到楼下菜市场看到对方喜欢吃的菜时，又忍不住想买回家。两个人"相爱相杀"，吵吵闹闹，却又总能和好如初。

从很小的时候，卢森堡就一直在思考这个问题。后来一次上学时，两位同学称呼他"Kike"，这是对犹太人的蔑称。他想明白了一个道理："也许我们并不认为自己的谈话方式是'暴力'的，但我们的语言确实常常引发自己和他人的痛苦。"

为了解决这个问题，卢森堡立志从事心理学研究，后来考入美国威斯康星大学，师从人本主义心理学之父卡尔·罗杰斯，从事临床心理学研究，获得博士学位。经过五十多年的研究和实践，在解决了无数冲突之后，他将自己的毕生心血汇集成册，写出了《非暴力沟通》一书。

非暴力沟通方法，教导人们在对话时避免评判和带有暴力的字眼。其核心在于去除情绪化表述，"对事不对人"。比如下面这个场景：

这个场景中，妻子说丈夫"玩手机"，这是观察，是对事实的陈述，说"跟手机一起过"，是发泄情绪和主观解读，不知道或许丈夫当时正在处理工作，这就是典型的"评判"。

丈夫回应的焦点也没有放在事实上，而是放在了对方的情绪上，这样一来，两人之间的"火药桶"就点燃了，之后矛盾升级，开始情绪对抗。在这样的对话中，双方都没有努力理解对方的真正感受和需要，而是采取了一种防御性的姿态，试图保护自己的立场和感受。这种沟通方式只会加

剧矛盾，而不是解决问题。

其实，妻子的意思是：你能不能把手机放下来，陪我说说话？丈夫正确的回应应该是先区分事实和评判，忽略"你跟手机一起过算了"，把自己从情绪对抗中剥离出来，先表明自己的态度。比如回答："好了，不看了，刚才处理点事情。"

我们来总结一下，"非暴力沟通"可以分为五步：

● **先暂停，然后观察** 暂停一下自己的反应，试着从一个外部观察者的角度看这个场景。这有助于我们避免立即做出情绪化的反应。

● **区分事实和解读** 明确自己是在描述一个客观事实（老公玩手机），还是在做出主观解读（"你跟手机一起过"）。

● **表达感受** 可以用"我……"的语句表达自己的感受，这样的表达方式更容易被接受，因为它表明你在谈论自己的感受，而不是指责对方。

● **明确需要** 接下来要表明自己的需要，比如："我想跟你说说话。"

● **提出具体的请求** 最后，可以具体地提出请求，而不是发出命令。例如："你能不能晚饭后先不要玩手机，我们一起散散步或聊聊天？"

很多时候，家庭矛盾是因为孩子，尤其在孩子没有达到家长的期望值时更容易产生矛盾。我们再来设定一个场景：

孩子放学回家后，第一时间打开电视看动画片。这时候，有些家长会说："作业还没做就看电视，一天天的不知道好好学习，把你送到学校就是为了让你看电视的？"如果孩子表现出一点不情愿，接下来就是"疾风骤雨"般的攻势。

在这个场景中，孩子不做作业是客观事实，"一天天的不知道好好学习"和"把你送到学校就是为了让你看电视的"都是评判，是情绪发泄。因此，使用非暴力沟通，可以换个思路去表达自己的想法。

● **观察**　首先，父母观察到孩子放学回家后先看电视而没有立刻做作业，需要做的是客观陈述自己看到的情况，而不加入任何个人的解释或评判。例如："怎么一放学就开始看电视了？"

● **表达感受**　其次，父母应该表达自己因为这个情况而产生的感受。这里重要的是使用"我……"语句，让孩子知道这种行为是如何影响到父母的。例如："我有点怕你写完作业太晚了。"

● **明确需要**　再次，父母需要明确自己的需要或期待。这一步不是要求孩子立即按照父母的意愿行事，而是让孩子理解父母背后的关心和希望。例如："我怕你写不完作业，睡觉晚了，明天一天没精神。"

● **提出请求**　最后，父母应该给出一个具体、可操作的要求，而不是模糊的命令。这一请求应当是协商的结果，尽可能让孩子参与决定。例如："你看这样行不行，现在看电视的话只能看十分钟就要做作业了，做完作业能看半个小时，你觉得怎么样？"

很多时候，语言也会传达暴力倾向，也能伤人，尤其是夫妻之间，互相都明白对方的弱点，有时候一句话，就能准确"命中靶心"，让对方"破防"。在这种情况下，夫妻之间的交流不再是为了解决问题或增进理解，而成了互相伤害的工具。语言的暴力不见血，但伤痛却深深刻在心里，有时甚至比肉体的伤害更难愈合。这样的互相攻击只会让双方的关系越来越糟，沟通过程充满敌意，失去了应有的温暖和安全感。

认识到语言的力量，以及我们选择用语言来维护亲密关系而不是破坏亲密关系，是维护家庭和谐的关键。非暴力沟通教会我们，即使在激烈的争执中，我们也可以选择表达而不是攻击，理解而不是伤害。通过共情的倾听和真诚的表达，我们可以找到彼此之间的连接点，而不是将对方推得更远。

婚姻是夫妻共同的旅程，不是彼此的战场。学会用爱和尊重来沟通，即使是在争执中，也能让这段旅程充满更多的温暖和爱。毕竟，真正的力量，不是在于击败对方，而是在于共同克服困难，携手前行。

第五章

能担事，是敢做事的核心

第一节

知责任者，大丈夫之始也
《呵旁观者文》——风险与机会是对等的

宋江凭什么当老大？

小时候看《水浒传》，每次看到"大破方腊"，后面的内容就不想看了。一是不忍心，自己喜欢、崇拜的好汉被一杯毒酒放倒。二是生气，宋江这厮，凭什么能领导这些好汉？武艺嘛，稀松平常，跟鲁智深、武松、林冲这些"大佬"比起来，简直是"民间武术爱好者"的水平。智谋嘛，也不怎么样，远不如公孙胜、朱武。财富嘛，更不用说，跟卢俊义、柴进比起来简直就是乞丐。颜值嘛，更不用说，三分黑七分白，一脸的畏畏缩缩、躲躲闪闪。落草为寇，却一心想当官，拖着梁山好汉一起中了高俅奸计，真是"千古罪人"。

等长大进入社会，做过的工作多了，接触的人多了，我这才慢慢想通，宋江之所以能成为老大，最大的原因就是敢担事儿。宋江原本是山东郓城县押司，相当于现在的县政府办公室副主任或专职秘书，是一个小吏，很不起眼，可江湖上却盛传他是"及时雨"，有求必应。

晁盖一行人劫了"生辰纲"之后东窗事发，官府派何观察前去捉捕。宋江提前知道了这件事，便一边稳住何观察，一边快马加鞭去通知晁盖，原话是："哥哥不知，兄弟是心腹弟兄，我舍着条性命来救你。"晁盖给其他人介绍宋江时说："亏杀这个兄弟，担着血海也似干系，来报与我们……亏了他稳住那公人在茶坊里俟候。他飞马先来报知我们。"

做这件事，宋江担了极大的风险。对于晁盖一行人，他没有接触过，也没有了解过，就算这些人跑了，万一消息泄露，他也免不了杀头的罪名。后来，晁盖到梁山坐了头把交椅，而宋江在浔阳楼题反诗遇险，就是晁盖带着人劫法场救了他。

现在流行一种说法：宋江能当上老大，是因为他处心积虑，用阴谋诡计上位的。而且这种观点有愈演愈烈的趋势，解读更是五花八门。这种说法，大致起于金圣叹。在《水浒传》的批注中，金圣叹列举了宋江的十大罪名，"夫宋江之罪，擢及无穷，论其大者，则有十条"。还说他是"淮南之强盗也""纯用术数去笼络人"，在一百零八名好汉中"定考下下"。

其实，我们回顾一下梁山的发展历史就能发现，宋江之所以能当上老大，绝不是"笼络人"这么简单。

王伦当老大时，梁山是一群乌合之众，只想着"大口吃肉，大秤分金银"，还有"投名状"这样的恶行，与其说是好汉，更像是一群打家劫舍的土匪，只想着过快活日子，能活一天是一天，这是梁山的1.0时代。

晁盖当老大之后，给梁山好汉们立下了规矩：不得伤害无辜百姓，不得侵犯妇女权益，不得贪图个人私利。梁山算是有了初步的行动纲领，这是 2.0 时代。但是，晁盖做事缺乏规划，也缺少长期目标。劫法场时，他既没有救助办法，也没有撤退计划，一切全凭心情，要不是"黑旋风"李逵"神兵天降"，宋江就被"咔嚓"了。

晁盖中箭身亡后，众人推举宋江做老大，宋江却推辞说："晁天王临死时嘱：'如有人捉得史文恭者，便立为梁山泊主。'此话众头领皆知，今骨肉未寒，岂可忘了？又不曾报得仇，雪得恨，如何便居得此位？"

宋江推托绝不是虚情假意，因为他从头到尾，一心想的都是封妻荫子，报效朝廷，而现在不仅落草为寇，还要做"山贼头领"，简直事与愿违，所以说什么都不愿意。然而，耐不住众人苦劝，宋江最后只得说："今日小可权当此位，待日后报仇雪恨已了，拿住史文恭的，不拘何人，须当此位。"这话也是真心的。

再到后来，梁山不断发展壮大，宋江"骑虎难下"，又动了招安的心思。他给梁山确立了发展宗旨：替天行道，设立了官职体系，包括梁山总兵都头领（掌管机密军事），马军五虎将等官职。又"设印信赏罚之专司，制龙虎熊罴之旗号，甚乃至于黄钺、白旄、朱幡、皂盖……"，以建功立业，官爵升迁为远期目标。使梁山从原来的"团伙"发展为组织严密、纲领明确的政治集团，为迷茫的众人指明了方向，这就是宋江对于梁山的作用。而他走的每一步，都要冒着被"诛灭九族"的风险。

冒险的勇气

《洛克菲勒写给儿子的 38 封信》之第 20 封中说："好奇才能发现机会，冒险才能利用机会。风险越高，收益越大。你拥有的东西越多，力量就越大。""一个人要想获胜，必须了解冒险的价值，而且必须有远见卓识，自己去创造运气。安全第一并不能让我们发财致富；要想获得报酬，就必须接受随之而来的必要的风险。"

洛克菲勒发迹之前，一直在做农产品代销，"照此发展下去，我完全有希望成为一位大中间商"。但是，安德鲁斯改变了他的想法。一天，安德鲁斯拿着一盏煤油灯对他说："你看，煤油灯发出的光比任何其他照明设备都要亮得多，它必将取代其他照明油，想想看，这是多么广阔的市场！"于是，洛克菲勒果断辞去工作，投资四千美元做起了炼油生意。他当时也没有想到，石油最终会开启一个新时代。短短二十多年时间，他就成了世界上第一个亿万富翁。

有时候，我们并不是缺少机会，而是缺少抓住机会的勇气，不敢承担责任，将失败的后果想象得太过严重。一个人敢承担多大的责任，就能享受多大成果。

我们举个例子来说。

小李和小王同时入职一家公司，学的专业相同，工作年限相同，业务能力相差不大。一天，经理在开会时宣布了一个新的项目，想让新来的员工负责，锻炼一下他们的能力。这时，小李想的是："我刚刚入职，对工作不熟悉，这份工作恐怕不适合我。"小王想的是："这是个难得的机会，虽然我对公司业务还不是很熟悉，但经理既然敢把这个项目交给新人，说明难度不高，我应该可以胜任。"

于是，小王果断接下项目。之后，他就成了项目负责人，而小李则成了项目成员。接下来会发生什么事呢？

由于小王要对项目的结果负责，所以他工作效率更高，也更加积极主动。他需要在很短的时间内深入研究公司的业务流程，努力了解项目的各个环节。在这个过程中，小王会面临许多挑战，也非常辛苦，但他是站在管理者的角度来看待和处理问题的。他需要有效沟通、协调资源、解决问题来增强团队的凝聚力。在经历了项目的起起伏伏后，项目最终顺利完成，小王也顺理成章地升职加薪。而小李呢？他虽然也参与了项目，但因为没有主动承担更多的责任，只能继续以普通员工的身份参加工作。

斯坦福大学心理学教授卡罗尔·德韦克（Carol Dweck）经过长期研究，提出了成长心态与固定心态（定型心态）的概念。

固定心态下，人会相信自己的能力、智力和才能是固定的，这些特质是天生的，无法通过后天努力改变。持有固定心态的人往往避免挑战，害怕失败，因为在他们看来，失败意味着他们不够聪明或能力不足。在做出选择时，他们会倾向于选择那些能够确认自己智力或才能的任务，避免失败和风险。他们在遇到困难时往往选择放弃，看到别人的成功会感到威胁，对反馈和批评持防御态度。

你身边应该也有这样的人，每次只要有人指出问题，他们的第一反应就是否定。口头禅一般都是"我没有""我没错""你瞎说"。甚至可能认为你在对他进行人身攻击，予以反击。这就是典型的固定心态。"我没错"的潜台词是"我不需要进步，也没有进步空间"。表面上看，他们习惯于否定他人对自己的否定，然而在潜意识里，他们实际上非常害怕失败和错误。他们可能内心非常脆弱，对自己的能力缺乏安全感。因此，他们难以接受他人指出自己的不足。这种心态下，人会将所有的精力都集中在保护自己不受批评之上，而不是从经验中学习和进步。固定心态的人可能还会认为努力是能力不足的表现，因为他们认为如果真的聪明或有才能，就不应该需要努力。

与固定心态者不同，成长心态的人相信通过努力和学习，可以发展自己的能力和智力。这种心态的人欢迎挑战，因为他们认为失败是成长和学习的一部分。他们认为努力是成功的途径，不会因为遇到困难而轻易放弃。成长心态的人知道智力和才能只是起点，只有通过持续的学习和锻炼，不断提高自己的能力，才能走向更好的未来。

梁启超在《呵旁观者文》中说："知责任者，大丈夫之始也。"我们到底是过了 365 天，还是把一天重复了 365 遍？这是一个很重要的问题。

第二节

行责任者，大丈夫之终也
《呵旁观者文》——正确给自己"贴标签"

巴纳姆效应

你相信星座吗？我在高中时有很长一段时间，认为星座简直太厉害了，怎么能说得那么准。当时智能手机还没有普及，甚至连普通手机都很少。我在同学的日记本上看到了对各个星座的描述，算出自己应该是白羊座，那段对白羊座的描述我已经记不清了，但大概是热情、爱冒险，容易冲动，喜欢发脾气。由于缺少信息来源，我对这段话简直奉为圭臬，因为我认为自己就是这样的人。

很多年后，我的"世界观"崩塌了。小时候，我从没有过过生日，因为父母不在身边，我总以为自己的生日是四月份，直到二十多岁时老妈才告诉我，我的生日应该是五月份。也就是说，我根本不是什么白羊座，而是金牛座！

我又去查了金牛座的描述：金牛座被认为是十二星座中最稳定的。他们耐心、踏实、务实，工作勤奋，值得信赖。然而，面对新事物和变化，金牛座的人会表现得十分抵触，他们在做决定时通常非常谨慎；他们对金钱和物质、安全感有很强的需求，这可以促使他们在财务上很有智慧，但有时也可能显得物质主义。

看完这段表述，我感觉好像也很有道理。但是，金牛座和白羊座对于性格的描述几乎是完全相反的，难道我"裂开"了？

事实上，我没有"裂开"，也没有"精神分裂"，这种现象可以用心理学上的"巴纳姆效应"来解释。

1948 年，美国心理学家伯特伦·福勒（Bertram R. Forer）进行了一场很有趣的心理学实验。在实验中，他给学生们进行了一次性格测试，最后给出了"个性分析结果"，让学生对测验结果与本身特质的契合度评分，0 分最低，5 分最高。最后，实验结果平均评分为 4.31 分。然而，实际上，所有学生得到的"个性分析"都是相同的：

你祈求受到他人喜爱却对自己吹毛求疵。虽然人格有些缺陷，大体而言你都有办法弥补。你拥有可观的未开发潜能，但尚未发挥你的长处。看似强硬、严格自律的外在掩盖着不安与忧虑的内心。许多时候，你严重地质疑自己是否做了对的事情或正确的决定。你喜欢一定程度的变动并在受限时感到不满。你为自己是独立的思想者而感到自豪并且不会接受没有充分证据的言论。但你认为对他人过度坦率是不明智的。有些时候你外向、亲和、善于交际，有些时候你却内向、谨慎而沉默。你的一些抱负是不切实际的。

对照这段内容，你有没有感觉它说的也是你？其实，这一大段内容是福勒从星座书上抄下来的，这种现象被称为"巴纳姆效应"。

巴纳姆效应，又称为福勒效应，是指人们倾向于接受模糊、泛泛的个性描述，并相信这些描述是准确的、专门针对自己的。这个效应说明了人们在评估性格描述时的一个心理偏差，即个体对于那些似乎特别符合自己的，但实际上非常普遍的陈述往往会给予过高的评价。你在看到这一段描述时，想的其实是自己在某个时刻的某一种状态，而这种状态几乎每个人都会有。

巴纳姆效应解释了为什么星座、手相、塔罗牌占卜等伪科学常常会让人感到"神奇的准确"：因为它们使用的描述足够模糊，以至于大多数人都能从里面找到符合自己情况的部分。

我是谁？

下面让我们再来进一步分析，巴纳姆效应到底是如何起作用的。

苏格拉底一生追求的是"认识你自己"，而尼采将这个问题更进一步，提出了"成为你自己"。

人都有了解自己的需求，这种渴望帮助我们构建个人身份和自我理解。这个问题看起来很虚无缥缈，但却实实在在地影响着我们的生活和所有选择。我们在选择职业、伴侣，甚至在日常小事的选择上，都是在自我认知的基础上作出的。

例如，一个人认为自己是"社牛"，在社交时就会表现得比较主动，相反，如果某个人认为自己是"社恐"，就会主动逃避社交场合。又如，一个喜欢稳定的人，在选择职业时，会偏向于那些提供长期职业发展、稳定收入和良好福利保障的公司或行业。

每个人都基于自我反思、与他人的互动以及日常的经历来回答这些哲学问题，并不断塑造和调整自己的身份和角色。这个过程是动态的，人的自我认知会随着时间和经历而发生变化，影响我们的选择和决策。

在寻找"我是谁"这个问题的答案时，我们的大脑天生就是一个模式识别的高手，这种能力在人类早期是一种生存机制，能够帮助我们快速识别食物、危险，以及社会中的规则和模式。

首先，从进化的角度来看，能够快速识别模式和关联性的个体更有可能生存和繁衍后代。例如，能够迅速区分哪些植物是可食用的，而哪些动物的出现预示着危险等，这些能力都可以提高生存率。因此，大脑发展出了强大的模式识别系统，以识别环境中的规律和重复出现的信号。例如，老虎＝危险，苹果＝能量，木棒＝工具。

其次，识别模式和关联性能够帮助我们建立起对世界的预期，从而更好地规划我们的行为和决策。知道某些行为会导致哪些后果，可以让我们避免危险和不利的结果，向有利的结果努力。这种能力在社会互动中尤为重要，因为人类社会的规则和关系极其复杂。

此外，这种模式识别的能力也是学习和适应的基础。通过不断地识别新的模式，将它们与已知的信息相结合，我们能够学习新技能，适应新环境。这种学习和适应不仅限于物质环境，也包括文化、语言和社会规范等非物质层面。

然而，这种模式识别能力也有其局限性。在寻找关联性时，大脑有时会产生错误的联系，即所谓的"虚假相关"（false correlation），导致迷信、偏见等非理性行为和信念的产生，星座就是其中的典型代表。当我们遇到看似与自己特征相吻合的描述时，大脑会自动过滤掉那些不一致的信息，只留下那些符合我们先入为主观念的信息。

因此，人们更倾向于接受那些正面、泛泛而谈，似乎贴合自己的描述，因为这些描述满足了我们对自我认同的需求。同时，人们会无意中忽略那些与自己不相符的信息，只挑选那些被认为与自己相关或能够得到正面反馈的信息来加以关注和记忆。这一切，都与生存相关，是人类根深蒂固的认知。

比如，在相信星座的前提下，我认为自己是白羊座的，白羊座的相关描述是："热情、爱冒险，容易冲动，喜欢发脾气。"这样的描述很容易让人找到自己生活中的对应情境，从而产生"这太准了"的感觉。例如，某天我因为冲动做出了某个决定，而后看到"白羊座容易冲动"的描述，我可能会立即将这个特点与自己联系起来，从而加深对这一星座特征的信任。这种情况下，我很可能会忽略我行为谨慎、深思熟虑的那些时刻，因为它们不符合我已接受的自我形象。这种现象被称为"确认偏误"。它让我们更容易注意到和记住那些符合我们预期和信念的信息，同时忽略或忘记那些与之相悖的证据。因此，当我们读到泛泛而谈的性格描述时，我们自然而然地会筛选出那些感觉"对号入座"的部分，并将其作为验证自己信念的"证据"。

如何正确"贴标签"

巴纳姆效应确实有很多消极作用，可是，我们能不能把它利用起来呢？比如李白就是个利用巴纳姆效应的高手，虽然他从没有听说过"巴纳姆"，也不知道这里面的道理。

李白从小就算得上是一位"神童"，"五岁诵六甲"。他对自己的认知很清楚："仰天大笑出门去，我辈岂是蓬蒿人。"李白想做官，但是看不上小官。而且他始终坚信自己能够"大鹏一日同风起，扶摇直上九万里"。

正是因为李白自命不凡，因此，他的诗中天生就带着一股豪气。对于普通人来说，财富是至关重要的，李白却说："天生我材必有用，千金散尽还复来。"什么"五花马，千金裘"，统统换成酒才过瘾。高力士是当朝权贵，别人见了都要点头哈腰，李白却让他给自己脱靴，潜台词就是："你算个什么东西，连老子的一根毫毛都比不上。"人家看瀑布，写"今古长如白练飞，一条界破青山色"，他看瀑布，写的是"飞流直下三千尺，疑是银河落九天"。

王国维在《人间词话》中评价李白说："太白纯以气象胜。'西风残照，汉家陵阙'，寥寥八字，遂关千古登临之口。"这里说的"气象"就是气概，"清人心神，惊人魂魄"。李白的诗，表现出来的气象就是"狂"。"十步杀一人，千里不留行。事了拂衣去，深藏身与名。""安能摧眉折腰事权贵，使我不得开心颜。""且乐生前一杯酒，何须身后千载名？"这些都是"狂"。

李白的"狂"，在于对自己的高认知。他认为，自己天生就应该与普通人不一样，天生就是出将入相，建功立业的，所以对于世人眼中的财富、功名统统弃如敝屣，这就是他给自己贴的"标签"。

所以，我们也可以利用"巴纳姆效应"，去给自己贴正面的标签。比如，"我是一个自律的人。""我是一个勤奋的人。""我是一个有耐心的人。""我的脾气很好。""我是一个有担当的人。"这只是第一步，接下来要在实践中，通过心理暗示不断强化这种认知，也就是给自己"洗脑"，完成尼采提出的"成为你自己"。

举个例子来说，我们为什么在教育孩子时要提倡鼓励式教育？因为这其实就是在给孩子贴正面标签。说孩子认真、负责、有礼貌、勤奋，所取得的效果要远大于指责他们："你怎么这么粗心？""你怎么这么邋遢？""你怎么这么没礼貌？""你怎么这么懒？"

同样地，从敢做事的层面来说，这个方法也同样有用。譬如，领导布置一项任务，告诉自己"我能完成""我可以胜任"，去接受新挑战。梁启超说："行责任者，大丈夫之终也。"从"知责任"到"行责任"，才能完成"敢做事"的闭环。

第三节

君子坦荡荡，小人长戚戚
《论语》——识别机会，不要太过计较

李子树

一个人能计较到什么程度呢？晋武帝时有个叫和峤的大臣，深受皇帝宠信，后来一直做到中书令。时人赞他："森森如千丈松，虽磊砢有节目，施之大厦，有栋梁之用。"和峤家很有钱，甚至到了富可敌国，"拟于王者"的地步，但为人却喜欢斤斤计较，十分吝啬，杜预还说他有"钱癖"。

和峤家有棵李子树，不知道从哪里得来的品种，结出来的果子十分甘甜可口，老饕们都慕名而来。按理说，魏晋士人们都追求名士风采，好结交朋友，视钱财如粪土，这李子树正好是个很好的契机，可和峤偏不请士人吃。每次客人吃完李子后，他都要把果核收集起来一个个数清楚，然后明码标价，按量收费，就算是亲戚来了也不行。晋武帝司马炎想尝鲜，专门下旨讨要，和峤也只上贡了几十个而已。

一次，和峤的小舅子王济来要李子，和峤舍不得多给，就摘了一些给他。王济出身太原王氏，为人豪爽，不拘小节。他见姐夫这么吝啬，心里

十分不爽，就专门在姐夫家门口"蹲点"，等他上朝之后，叫来一群"吃货"偷偷溜进后院，把树上的李子吃了个精光。吃完之后，他还是觉得不解气，竟然用斧子把李子树给砍了。之后又让人把树枝用车送到和峤面前问他："你觉得这棵树和你家的树比起来怎么样？"和峤无奈，只得笑笑了事，因为这个人他确实惹不起，只能吃下这个"哑巴亏"。从汉朝到隋唐，太原王氏都是名门大族，出过六位三公、三位皇后、三位驸马，仅在两晋时期，就出了十几个宰相。

无独有偶，东晋有个叫王戎的人，也喜欢斤斤计较，家里也正好有一棵李子树。不过，他比和峤更过分，怕人得了自己的种子，卖李子前，总要先把果核钻掉。女婿曾向他借了几万钱，每次姑娘回家，他总是板起一张脸。女婿赶紧把钱还了，他的脸色这才好转。

和峤与王戎都是当时名噪一时的人物，却因为一点财物斤斤计较，成了后世的笑话。

生活中也有很多这样的人，计较的方式也各有不同。有的人计较金钱，有的人计较财物，有的人则是计较工作谁做得多、谁做得少。

失之东隅，收之桑榆

职场中，很多人都抱有这样的心态：给我多少工资，我就干多少活，多余的一分钟也不行。其实，这种心态是出于对公平的追求，本来无可厚非。然而，职场实际情况往往更加复杂。工资往往不仅仅取决于工作量，还受到市场供需关系、个人技能、经验及公司财务状况等多种因素的影响。

有时候，即使工作量相同，不同岗位的工资也会有所差异，不能仅仅以工作量的多少来作为判断标准。

我好多年前曾入职一家销售公司，刚入职时，手上没有客户资源，只能一天到晚打电话、发传单、发朋友圈，找亲戚朋友到处打听。可公司里有个老员工，每天上班就泡一杯茶，拿着手机一玩就是一天，只偶尔接个电话。有时甚至不来上班，下午回公司时还带着一身酒气。我当时不理解，直到发工资才知道，人家的收入是我的十倍不止，给公司带来的效益也是我的几十倍。他的工作价值并不能完全跟工作量、工作时间画等号。

后来有一次和一位做文字工作的前辈吃饭，他喝得"上头"了，开始讲他年轻时候的经历。他说，自己出身不好，一穷二白，甚至连学都没怎么上过。参加工作之后，全靠跟着别人学习，一步一步混上来的。"怎么学呢？最简单的办法就是帮别人做工作。人家不想写的材料，你拿过来写，人家不想做的编辑工作，你拿过来做，人家不想联系的人，你去联系。当时只觉得时间不够用，我就在办公室支了一张床，每天一睁眼就开始工作，一直做到眼睛睁不开，躺下就睡。千万不要怕吃亏，年轻时不吃亏，后面吃亏的机会多着呢。"后来，这位前辈接了一个文学期刊的主编工作，现在已经做了二十多年。

我这才恍然大悟，老话说的"吃亏是福"，真是至理名言。曾国藩说："天下事——责报，则必有大失望之时。"意思是每做一件事都要求回报，最后一定会失望。

同治年间，曾国藩的弟弟曾国荃打下南京，这是一个天大的功劳。可是，朝廷不仅对他"有功不赏"，还处处找他的麻烦，一点小事就吹毛求疵，公开责难。与此同时，针对他的流言蜚语也纷至沓来。曾国荃十分难受，心里郁闷、委屈，茶饭不思。

朝廷之所以这样做，其实有更深的一层考虑，只是曾国荃没有想到。太平天国起义兴起后，力量迅速发展壮大，前后历时十四年，超过了历代农民起义的规模。当时，清政府无力抵御，便想要借助地方的力量来镇压起义，曾国藩就是在这时候奉命组建湘军，"以儒生领山农"，在当地招募士卒，加强训练，官兵们是同县同乡的熟人，也只听命于营官，而各营又都只听命于曾国藩。湘军组建之后屡立奇功，先后克复武昌、九江、安庆、南京。南京是太平天国的"心脏"，因此，如果论功行赏，湘军无疑是第一功。

然而，正所谓"飞鸟尽，良弓藏；狡兔死，走狗烹"，对于清政府来说，太平天国被镇压之后，湘军就成了朝廷的威胁。因为这支军队名义上归朝廷节制，实际上属于曾国藩的私人武装，无论战功还是战斗力都在八旗与绿营军之上。公开打压曾国藩，朝廷不敢，就只好通过打压曾国荃来警告。

这一层，曾国藩自然是想到了，他专门给弟弟写了一首诗："左列钟铭右谤书，人闲随处有乘除。低头一拜屠羊说，万事浮云过太虚。"意思是左边刚把记录功劳的钟鼎刻好，右边别人诽谤你的文字就已经摆满了。

低头读一下屠羊说的故事，一切就都是浮云了。

屠羊说源自《庄子》里的一个小故事，他本是楚国一个屠户，在街上卖肉。后来楚昭王吃了败仗逃到随国，屠羊说跟着他一路逃亡，照顾他的衣食住行，护他周全，功劳很大。楚国复国后，楚昭王想要封赏他，让他提要求。屠羊说却说："楚国吃了败仗，这不是我的错误，所以您没有杀了我。楚国复国，这也不是我的功劳，所以也没必要封赏我。"这句话其实带着刺，意思是说：我之所以逃亡，是因为你吃了败仗，楚国复国，也是你的努力，跟我没有任何关系。

曾国藩这是告诫弟弟，凡事不要太计较，人世间的事情就是这样，"失之东隅，收之桑榆"，只要你做了，命运总会在不经意时给你回报。

有用的"无用功"

生活和职场中，很多事情也是这样，对于那些看似与本职工作不相关的琐碎事务，其实也是职场中学习和进步的黄金机会。在我看来，这些琐碎的工作可以分为两类：一是那些可以提供学习机会、帮助你成长的；二是那些复杂而无用的琐事。

第一类通常与业务相关。比如，刚刚踏入一个新的行业，想要在这个领域有所发展，最好的方式就是涉足各种业务。在这个过程中，你将有机会接触到与之相关的各类工作，更全面地了解整个行业的运作机制和生态系统，拓展自己的技能和知识，提升自己的综合能力，建立更广泛的人脉关系。这些积累，最终都将成为你前进路上的绝佳助力。

网上流传一个说法：跨境电商的老板，有百分之九十是从"卧底"开始的。简单来说，就是先到别的公司从基层做起，学习选品、运营、推广、客服，之后再自己出来单干。这样的老板，我就认识一个，还专门去求证了一下。他告诉我，他是通过给公司运营买奶茶学来的，光是奶茶钱就花了上千块。你身边或许也有这样的老板。职场中的每一步都是宝贵的经验，每一个工作岗位都可能是你职业发展的新起点，简直就是"带薪培训"。

第二类是与业务无关的琐碎杂事，既无法建立人脉，也没有任何成长机会。比如端茶倒水买咖啡，顺便"帮个小忙跑个腿"，看似忙忙碌碌，踏踏实实，实际上没有任何提升，晋升无望，辞职无胆，苦干无果，简直是"职场老黄牛"。这样的事，无论做多少都不会得到提升，也不会有什么进步。

拒绝这些琐事，最重要的是要学会说"No"。很多人怕得罪人，不敢拒绝别人的要求，总是一味迎合。殊不知，这样只会沦为"老黄牛"，别人只会把你当作"免费苦力"，而不是高看你一眼，也不会想着帮助你。道理很简单，你做这些没有技术含量的事，并没有突出你的能力和水平，大家并没有把你当回事。

鲁迅在《华盖集·杂感》中写道："勇者愤怒，抽刃向更强者；怯者愤怒，却抽刃向更弱者。"阿Q被赵太爷打，不敢还手，被假洋鬼子欺负，不敢反抗，反而去欺负小尼姑，认为自己这样就算"报仇了"。

人际关系有时有这样一种情况：别人对你的态度，不取决于你善良与否，也不取决于你和他人关系的好坏，甚至不取决于你的对错，而只取决于你的强弱。一味卑微地讨好别人，只会被人当作软弱可欺，只有对不合理的要求说"不"，亮出自己的底线，才能获得平等对待和尊重。

孔子说："君子坦荡荡，小人长戚戚。"意思是君子光明磊落、胸襟坦荡，小人则斤斤计较、患得患失。我个人认为，在有些方面，可以"坦荡荡"，但是在琐事方面，不妨就"小人"一些，不想做的坚决不去做。

第四节

祸兮，福之所倚；福兮，祸之所伏
《道德经》——识别风险

齐纨鲁缟

很多时候，毒药的外面都会包着一层糖衣，勇敢和鲁莽往往也只有一线之隔。

春秋时期，齐桓公不顾管仲的竭力劝阻，派出大军讨伐鲁国。在此之前，齐、鲁之间曾进行过几次会战，每次都以鲁国惨败告终。在齐桓公看来，鲁国不过是个弹丸之地，无论是军事实力还是经济实力都远在齐国之下，一点胜算也没有。

闻听齐国大军压境，鲁庄公与群臣大惊失色，乱成了一片。这时，曹刿主动请战。有人问他："朝里那么多大臣，哪里需要你呢？"曹刿说："肉食者鄙，未能远谋。"见到鲁庄公后，曹刿用"三寸不烂之舌"说服对方，出兵迎战。

不久后，齐军与鲁军在长勺展开对决。齐军击鼓，鲁庄公想要击鼓迎战，曹刿却拦住他说："先不要迎战。"庄公虽然想不明白，却只能作罢。

直到齐军三次击鼓之后，曹刿才下令击鼓迎战，最终赢下了这场战役。

鲁庄公问其中的缘故，曹刿说："夫战，勇气也。一鼓作气，再而衰，三而竭。彼竭我盈，故克之。"这个故事大家可能已经很熟悉了，但很多人问，鲁国不击鼓，齐国难道就不能直接打过来吗？还真不能。

春秋时期的战争，更像是两个贵族带着一群手下"打群架"，为的就是争一口气。"打群架"时，必须遵守贵族之间的礼仪，不能像地痞流氓一样冲上来拳打脚踢。首先，双方必须提前约定时间和地点，下正式的战书。其次，必须等对方摆好阵势才能开始，不能搞偷袭。而摆好阵势的信号就是击鼓，只有对方击鼓回应，战斗才算正式开始。齐国三次摆好阵势，三次没有回应，结果人心散了，阵脚乱了，可见曹刿实在是"不讲武德"。

虽然如此，这场战争之后，齐桓公逐渐失去了讨伐鲁国的信心。不过，管仲却有一个更好的办法。《孙子兵法》中说："不战而屈人之兵，善之善者也。"当时，鲁国盛产缟布，齐国盛产纨布，都是天下闻名的丝织品。管仲下令，让所有齐国官员必须改穿缟布，上行下效，很快，在上层官员的带动下，齐国贵族纷纷开始抢购缟布，一时之间，缟布供不应求。与此同时，管仲还下了另一个命令：所有齐国人严禁织缟布，只能从鲁国"进口"。

鲁庄公看到这种盛况，欣喜若狂，立刻下令大量织布，很多农民都放弃种田，加入了织布大军。就这样，鲁国通过缟布"出口"大赚特赚，盆满钵满。可一年之后，鲁国人傻眼了。原来，管仲下令不再从鲁国进口缟布。由于一年多没有从事农业生产，鲁国粮食已经远远不够，只能屈服，被迫与齐国签下条约。

机遇与陷阱

现实中也有很多这样的例子。我有个亲戚，前几年做生意赚了些钱，就回老家盖了别墅，换了车子，准备养老。一开始，他把钱存在银行里，每年利息也不少，日常吃穿用度之外，年底还能攒下一些。可时间一长，他就坐不住了。一来是做了这么多年生意，养成了赚钱的习惯。二来家里孩子要结婚，买房买车，房子装修、婚礼都要花钱，粗略估算需要数百万元。当时正好网络借款（P2P）爆火，他就把钱全都投了进去，据说一年能有百分之二十的收益。一开始，他每月都能收到不少钱，心花怒放。可等到孩子结婚要用钱时，钱取不出来了。我们都知道，这叫"爆雷"了。

茨威格在《断头皇后》中写道："她那时还年轻，不知道命运的所有馈赠，早已在暗中标好了价格。"很多时候，命运的馈赠不仅标注好了价格，还规定了利息，甚至是高利贷。"你想要别人的利息，别人却想要你的本金。"

《道德经》中说："祸兮，福之所倚；福兮，祸之所伏。"很多时候，我们看着像是机遇的东西，背后却是陷阱。P2P这样的事情其实很好避免，只要你不贪心，不想着不劳而获，坚信天上不会掉陷阱，往往就可以杜绝受骗。然而，更多时候，老练的猎人都知道，在制作陷阱时，还要在上面盖上一层薄薄的土，最好再踩上几个浅浅的脚印。

敢做事，绝不意味着鲁莽，而是要炼成一双"火眼金睛"，分清楚机遇和陷阱。

世界上的大部分事情，但凡是想不通的，往利益上想往往就能豁然开朗。遇到赚钱的机会时，首先，不要考虑自己能不能赚钱，能得到什么好处，而是要对机遇的来源进行全面考察，问一问自己：这么好的机会，为什么他要告诉我？我跟他的关系怎么样？他想从我这里得到什么？有了这样一个思考过程，其实是可以规避一些风险的。

比如，你在社交媒体上或在生活中看到有人分享自己如何赚钱，如何通过一番操作实现财富自由，这时候就要警惕了，问问自己："他是不是要割我'韭菜'了？""他是不是想让我'背锅'？"

这两年有一种新型犯罪叫"跑分"。这是犯罪分子的黑话，本质就是"洗钱"。具体来说，利用银行卡或第三方支付平台代人收款，简简单单就能获得佣金。很多人不懂，以为这是来钱的门路，殊不知已经触犯了法律，不仅账户会被冻结，违法所得会被追缴，甚至还有可能被判刑入狱。看似是机会，实则是陷阱。

其次，要对自己的能力有清晰的认知，知道自己的工作能力在市场上能换多少钱。只有对自己进行"明码标价"，做到心里有数，不高估自己的价值，才能不踩中陷阱。把一个人的价值和报酬放在天平的两端，一定是平衡的，有时候可能会不平衡，但绝不会太过悬殊。

比如，我平时一个月只能赚三千块，有人突然打电话跟我说："我这里有个好机会，轻轻松松月入过万。"那不用说，这一定是个陷阱。

还有一种貌似机遇的陷阱，就是"画饼"，职场中尤其常见。我以前入职一家创业公司，老板就非常喜欢"画饼"。虽然办公室只有十几平方米，员工只有三个，有时候甚至连工资都发不起，但老板的野心很大，经常把"梦想和长远发展"作为口头禅。虽然公司已经濒临破产，但老板毅力很强，坚持给员工"画饼"，给自己"画饼"。

当然，这只是"画饼"的初级阶段，我们很容易就能分辨出来真假，怕就怕公司业绩很好，老板画的饼很隐蔽，用升职加薪作为诱饵，让员工拼命干。真正的管理高手都是洞察人性的，我曾经就职的一家公司就有一个鲜活的例子。

公司有个老员工，是技术岗，已经做了很多年，老板非常看重他，决定让他做管理工作。可这样一来，原来的工作就没人做了，怎么办呢？老板招来一个新员工，让他帮忙带，带出来就可以升职了。老员工很努力，也很认真负责，磨了两个多月，终于把新员工磨出来了。可是，等待他的却不是升职，而是解雇。这就是所谓的"教会徒弟，饿死师傅"。

大部分时候，陷阱和风险总是会披上机遇的外衣，看上去流光溢彩，熠熠生辉。它们用虚假的、巨大的利益，试图绕过我们的理智，从眼睛直达心灵，激活我们内心最原始的生存本能。然而，人之所以为人，是因为我们除了动物本能，还有更宝贵的理智，让我们有能力分辨世间的种种险恶，分辨机会与陷阱。愿每个人都能炼成一双"火眼金睛"。